湖南师范大学·经济管理学科丛书
HUNANSHIFANDAXUE JINGJIGUANLIXUEKECONGSHU

市场、资本与技术变迁：
基于中国印刷史的研究（1600~1937）

Market, Capital and Technological Change:
A Study Based on the History of Chinese Printing（1600~1937）

曾雄佩◎著

U0255039

经济管理出版社
ECONOMY & MANAGEMENT PUBLISHING HOUSE

图书在版编目（CIP）数据

市场、资本与技术变迁：基于中国印刷史的研究（1600~1937）／曾雄佩著.
—北京：经济管理出版社，2020.9
ISBN 978-7-5096-7553-3

Ⅰ.①市…　Ⅱ.①曾…　Ⅲ.①印刷史—研究—中国—1600-1937
Ⅳ.①TS8-092

中国版本图书馆 CIP 数据核字（2020）第 169244 号

组稿编辑：杨　雪
责任编辑：杨　雪　杜奕彤
责任印制：任爱清
责任校对：陈　颖

出版发行：经济管理出版社
　　　　　（北京市海淀区北蜂窝 8 号中雅大厦 A 座 11 层　100038）
网　　址：www. E-mp. com. cn
电　　话：(010) 51915602
印　　刷：唐山昊达印刷有限公司
经　　销：新华书店
开　　本：720mm×1000mm/16
印　　张：14
字　　数：173 千字
版　　次：2021 年 1 月第 1 版　2021 年 1 月第 1 次印刷
书　　号：ISBN 978-7-5096-7553-3
定　　价：68.00 元

·版权所有　翻印必究·

凡购本社图书，如有印装错误，由本社读者服务部负责调换。
联系地址：北京阜外月坛北小街 2 号
电话：(010) 68022974　　邮编：100836

总 序 SEQUENCE

当历史的年轮跨入 2018 年的时候，正值湖南师范大学建校 80 周年之际，我们有幸进入到国家"双一流"学科建设高校的行列，同时还被列入国家教育部和湖南省人民政府共同重点建设的"双一流"大学中。在这个历史的新起点上，我们憧憬着国际化和现代化高水平大学的发展前景，以积极进取的姿态和"仁爱精勤"的精神开始绘制学校最新最美的图画。

80 年前，伴随着国立师范学院的成立，我们的经济学科建设也开始萌芽。从当时的经济学、近代外国经济史、中国经济组织和国际政治经济学四门课程的开设，我们可以看到现在的西方经济学、经济史、政治经济学和世界经济四个理论经济学二级学科的悠久渊源。新中国成立后，政治系下设立政治经济学教研组，主要承担经济学的教学和科研任务。1998 年开始招收经济学硕士研究生，2013 年开始合作招收经济统计和金融统计方面的博士研究生，2017 年获得理论经济学一级学科博士点授权，商学院已经形成培养学士、硕士和博士的完整的经济学教育体系，理论经济学成为国家一流培育学科。

用创新精神研究经济理论，构建独特的经济学话语体系，这是湖南师范大学经济学科的特色和优势。20世纪90年代，尹世杰教授带领的消费经济研究团队，系统研究了社会主义消费经济学、中国消费结构和消费模式，为中国消费经济学的创立和发展做出了重要贡献；进入21世纪以后，我们培育的大国经济研究团队，系统研究了大国的初始条件、典型特征、发展型式和战略导向，深入探索了发展中大国的经济转型和产业升级问题，构建了大国发展经济学的逻辑体系。正是由于在消费经济和大国经济领域上的开创性研究，铸造了商学院的创新精神和学科优势，进而形成了我们的学科影响力。

目前，湖南师范大学商学院拥有比较完善的经管学科专业。理论经济学和工商管理是重点发展领域，我们正在努力培育这两个优势学科。我们拥有充满活力的师资队伍，这是创造商学院新的辉煌的力量源泉。为了打造展示研究成果的平台，我们组织编辑出版经济管理学科丛书，将陆续地推出商学院教师的学术研究成果。我们期待各位学术骨干写出高质量的著作，为经济管理学科发展添砖加瓦，为建设高水平大学增光添彩，为中国的经济学和管理学走向世界做出积极贡献！

近代，中国的社会经济发生了重大转型，西方的先进技术与制度也相继传入中国。为了自强富国，中国近代知识官僚与知识分子主导的变革经历了器物、制度与伦理三个阶段，其中器物指的是技术工艺，而制度与伦理则属于社会经济与文化的范畴。洋务运动最先集中学习西方的技术工艺，但在"仿西洋之器"的过程中逐渐发现制度与文化对技术进步的作用。本书便是以中国印刷技术的变迁为例来研究制度、经济、文化等因素对技术进步与转型的影响。选择印刷技术作为研究对象有两个重要原因。第一，印刷技术是一项与文化教育、知识与信息传播、人力资本等密切相关的重要技术，研究印刷技术的变迁既有助于深化对技术扩散的认识，也能加强对社会与经济发展问题的进一步理解；第二，中国是印刷技术的发源地，至今已有上千年使用印刷术的历史，而从明末清初到20世纪初的四百多年时间里，中国印刷技术经历了数次重大的转变，为研究技术扩散与技术变迁提供了很好、很丰富的历史事实。

在西方印刷术进入之前，中国便同时拥有雕版印刷与活字印刷两种印刷技术。虽然活字印刷在很多方面要比雕版印刷优越，但活字印刷的推广有限，一直没能代替雕版印刷在中国印刷业的主流地位。从清乾隆年间开始，木活字印刷在族谱印制中得到广泛应用，并在很多地区成为印制族谱的主流。19世纪初，西式印刷术随着新教传教士在华传教被引介而来，各教会纷纷在中国设立印刷所，为西式印刷技术在中国的传播奠定了基础。19世纪70年代之后，西式印刷技术在中国的传播进入发展与本土化阶段，中国民间的印刷出版商代替传教士，成为这一阶段推广新式印刷技术的主导力量。西式的石印在19世纪末取代了雕版印刷在中国印刷市场的主流地位。20世纪初，以西式活字印刷为主业的综合性印刷出版公司兴起，西式的活字印刷也随之成为了中国印刷术的主流。

本书首先研究了市场需求对技术选择的作用。印刷技术适用的图书市场又会受到文化、教育等因素的影响。相比雕版印刷，传统活字印刷技术的初始资本投入更大，效率更高，但传统活字印刷技术在中国的应用和普及有限。不过从清乾隆年间开始，木活字印刷成为印制族谱的主流方式。分析发现，科举考试使儒家经典书籍占据了中国图书市场的主导地位，这些书籍内容长年不变，雕版印刷可满足其重复印制的需求。而木活字印刷之所以能在族谱印制中盛行，最根本的原因是族谱印制的市场足够大，市场需求能够弥补木活字印刷前期的初始投入。在宗族发达地区，族谱数十年一修，市场前景广阔，降低了投资活字印刷族谱的市场风险。此外，晚清的教育改革导致图书市场发生巨变，西式活字印刷技术得到推广。

本书还从资本的视角探讨了印刷企业的发展以及印刷技术的发展与转型。资本可以从"量"与"质"两个方面来考虑，资本的"量"主要是指资金的多少，资本的"质"则用企业的治理结构来衡量，资本的组织形式也是本书研究的重点。19世纪初至19世纪70年代，传教士引进并改良了西式印刷技术，教会的印刷所是这时期推动西式印刷技术在华发展的主力。教会提供的资本在西式印刷技术的引介与改良过程中发挥了重要作用，而教会印刷所的治理结构对其自身发展与印刷技术的传播都产生了很大影响。19世纪末，中国的印刷出版商取代传教士成为西式印刷技术在华传播的主力，石印取代中国传统的雕版印刷成为中文印刷的主流，中国的印刷行业也进入工业化生产阶段。石印技术对资本的需求较大，早期的合伙企业与股份制公司能筹集资金为大型石印书局提供资本，促成了石印设备与技术的引进及商业化。但这时期的企业在资本的"质"上还存很大不足，企业制度不完善，法人治理结构也存在很大缺陷，导致大型石印书局难以应对转型时期的风险。20世纪初有了发展较为成熟的股份制公司，对初始投资要求更高、以西式活字印刷为主的综合性印刷出版公司兴起，西式活字印刷技术成为了中国印刷业的主流。股份制公司作为筹集资金的方式，为综合性印刷出版公司的发展在资本"量"上提供了保障，使其有能力引入并创新印刷技术与设备。公司法人制度的确立，使公司治理不断完善健全，资本的"质"保障了综合性印刷出版公司健康持续的发展。此外，公司的预期寿命更长，综合性印刷出版公司投资新技术的意愿也随之更强，使新式印刷技术的改良与发展比以往更加兴盛与迅速。

本书的主要内容来自笔者的博士论文。首先要感谢我的导师燕红忠教授，在论文最初的选题、中间的写作以及最后的修改中，燕老师不断对笔者进行督促并推进了论文的写作进程，同时提供十分有益的建议与指导，并且还每周与我们见面交流并督促我们研读最新、最经典的文献，我们从中受益良多。笔者还要诚挚地感谢杜恂诚教授，在论文写作之初杜老师便为我提出了十分具有建设性的建议，在预答辩与答辩的时候也为我的论文指出了不少问题，并提供了具体的修改意见。此外，我也十分感谢其他各位答辩老师，包括朱荫贵教授、兰日旭教授、贺水金教授、伍山林教授、李耀华副教授、刘丛助教授，他们同样为我的写作提供了相当有价值的建议。

由于笔者水平有限，编写时间仓促，所以书中错误和不足之处在所难免，恳请广大读者批评指正。

曾雄佩

2020 年 5 月

目录 CONTENTS

绪　论

第一节
选题背景与研究意义

一、选题背景

技术扩散在经济学以及经济史的研究中都是十分重要的问题，技术的创新与扩散被认为是推动经济长期增长的重要因素。技术变迁反映的便是新技术出现与扩散的一个过程，故本书的研究将侧重于技术扩散。技术的采用与推广其实可以看作是一种投资者（企业）的投资行为，只有当投资者有意愿并且有能力投资于某一项技术时，这项技术才有机会使用与推广，市场与资本则是投资某项技术的重要考量因素。从投资者的视角对技术变迁加以研究有助于我们加深对技术变迁内在机制的认识。

本书以中国印刷技术的变迁为例来研究技术扩散的两个重要原因。第一，印刷技术是一项与文化教育、知识与信息传播、人力资本等密切相关的重要技术，研究印刷技术的变迁既有助于深化对技术扩散的认识，也能加强对社会与经济发展等问题的进一步理解；第二，中国是印刷技术的发源地，至今已有上千年使用印刷术的历史，而从明末清初到20世纪初的四百多年时间里，中国印刷技术经历了数次重大的转变，为研究技术扩散与技术变迁提供了很好、很丰富的历史事实。

在西方印刷术进入之前，中国便同时拥有雕版印刷与活字印刷两种印刷技术。雕版印刷术始于隋唐时期，并逐渐成为中国复制文字的主要方式。北宋庆历年间，毕昇便发明了活字印刷。活字印刷相比雕版印刷是更新、在很多方面也更优越的印刷技术，但活字印刷的推广很有限，一直没能代替雕版印刷在中国印刷业的主流地位。不过，从清乾隆年间开始，木活字印刷在族谱印制中得到了广泛应用，并在很多地区成为印制族谱的主流。

19 世纪初，随着新教传教士在中国展开传教活动，西方印刷术被引介至中国。西式印刷技术也分好几种，最早由传教士引进来的是活字印刷，然后是石印。西式印刷技术在中国的发展大致可以分为准备与奠基、发展与本土化两个阶段。19 世纪初至 19 世纪 70 年代是准备与奠基阶段。在这一阶段，传教士是推动西式印刷技术发展与传播的主体。为了协助传教，各教会在中国设立了印刷所，积极推动改良中国活字的铸造技术，并从英美等国引入了先进的印刷设备及专业技工，还培养了一批印刷出版人才，为西式印刷技术在中国的传播奠定了基础。19 世纪 70 年代之后，西式印刷技术在中国的传播进入发展与本土化阶段。中国民间的印刷出版商代替传教士，成为这一阶段推广新式印刷技术的主导力量。新式印刷技术改良与发展的速度也在此阶段加快，并很快取代中国传统的雕版印刷成为中文印刷的主要方法。根据不同印刷方式在中国印刷出版市场中的地位，西式印刷技术发展与本土化阶段又可以分为两个时期。第一个时期是从 19 世纪 80 年代至 20 世纪初，石印术在这一时期逐渐取代雕版印刷在中国印刷市场的主流地位。第二个时期是从 20 世纪初至抗日战争爆发，这一时期以西式活字印刷为主业的综合性印刷出版公司兴起，西式的活字印刷也随之成为了中国印刷技术的主流。

中国印刷技术这一连串的变迁引起了笔者对推动技术变迁内在机制与规律的关注和思考。关于活字印刷未能成为中国印刷业的主流，以往印刷史专家的研究主要是从活字印刷在技术层面的缺陷以及中国汉字的特点导致活字印刷初始成本很高等层面来解释。① 而关于中国西式印刷技术的兴起，以往的研究则主要是通过西式印刷技术本身的优势，以及西人报刊书馆的示范作用来考察。② 这些解释都有其合理性，但也还有进一步思考的空间。本书将从市场与资本的视角出发，探讨中国近代印刷技术转型与进步的社会经济动力机制，尝试对相关问题做进一步的探讨。

二、研究意义

在当前中国经济转型升级的背景下，技术的创新转型也备受关注。尤其是近期中美贸易争端不断，人们发现中国的科学技术是被美国操控的核心之一，中国的技术创新能力也因此受到全国上下空前的重视。但技术创新的问题非一朝一夕便能解决的事情，我们需要对技术创新与转型的内在机制及规律加以深入研究。以史为鉴，中国历史上印刷技术的变迁或许能为此提供借鉴与参考。

笔者从资本的视角考察中国印刷技术的变迁，在探索技术变迁更深层次原因的时候，得到了不少有益的启示，这不仅对丰富技术变迁与技术扩散理论有所贡献，也对现实中如何促进技术创新与技术扩散提供借鉴。因此，在中国印刷史的背景下，基于资本视角考察技术变迁的内在机制与规律，具有重要的理论意义与实践价值，值得深入研究。

---

① 钱存训：《中国古代书籍、纸墨及印刷术》，北京图书馆出版社 2002 年版；张秀民：《中国印刷史》，浙江古籍出版社 2006 年版。

② 熊月之：《西学东渐与晚清社会》，上海人民出版社 1994 年版。

第二节
相关说明与理论框架

一、相关说明

本书主要是从市场与资本的视角来研究中国印刷技术变迁的社会经济动力机制。不同于一般的中国印刷技术通史，本书会侧重于经济学的分析与讨论，对印刷术的起源、影响以及技术细节没有做太多的考据与研究，因此对印刷技术的介绍也并不是很全面。本书对印刷技术发展以及相关工艺流程的介绍，也主要是为了进一步的经济学分析。

"技术变迁"在本书主要是反映各种印刷技术在印刷业中地位的变化，也就是技术扩散。另外也有技术进步的含义，因为中国近代主流的印刷技术也的确是经历了一个资本投入更高、效率也更高的技术逐渐取代纯粹劳动密集型技术的过程。本书经常将印刷与出版放在一起来表述或者讨论，主要是因为从传统的书坊到近代的图书公司，印刷与出版没有明确的分工，往往都是一起的。

此外，除了19世纪前半期的教会印刷所，推动中国印刷技术变迁的核心力量便是民间的商业印刷，因此本书关注的焦点是商业性的民间书坊或者印刷出版公司，对非商业性的官府、书院等机构的印刷并没有做过多关注。

二、理论框架

(一) 概念界定与分析框架

亚当·斯密在《国富论》一书中，把投入生产获取利润的资金定义为资本。① 马克思在《资本论》中对资本也有类似的定义，把投入生产获取剩余价值的资金称作资本。② 本书所指的"资本"与上述定义相似，主要是指以获取利润为目的，投资于工商业的资金。

20 世纪 80 年代兴起的"技术的社会形成"理论认为，技术的选择与发展不仅在于技术自身的特点与内在逻辑，技术同时还是社会的产物，社会利益与价值取向往往在技术的发展与传播过程中起着重要作用。③ 因此，技术的创新与进步会受到社会、经济、文化等因素的影响，从社会经济的角度探讨技术文明的动力机制富有理论意义与实践意义。而在技术史的视野下，长时段的历史考察有助于加深对技术进步长期趋势的认识，也有助于深入研究技术进步的社会动力机制。市场与资本是推动技术创新与扩散的重要社会经济动力。技术的创新与推广通常需要在投资与应用中实现，我们可以将技术的采用与推广看作是一种企业的投资行为，如果市场上有多种技术可供选择，采用与发展其中的某项技术便是一种投资选择。因此，从社会经济动力视角研究技术变迁的一个重要途径便是从投资意愿与投资能力两个维度来考察研究市场上企业（投资者）的投资选择。本书的理论框架如图 1-1 所示。

从投资意愿的角度来看，投资者作为理性经济人，只有当投资有利可图的时候才会有意向投资。因此，投资者会对投资某项技术的成本与收益

① [英] 亚当·斯密:《国富论》，中国华侨出版社 2012 年版。
② [德] 马克思:《资本论（第一卷）》，人民出版社 2004 年版。
③ 肖峰:《论技术的社会形成》，《中国社会科学》2002 年第 6 期。

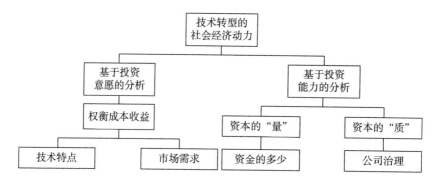

图1-1　本书的理论框架

加以考量，并以此做出投资决策。本书将对各印刷技术的成本与收益加以考察，进而讨论图书市场需求变化对印刷技术转型的影响。

从投资能力的角度来看，只有在投资者的资本满足技术所必需的投入时，技术的采用与推广才能实现。作为技术的投资者，企业或者公司在本质上就是一种资本的组织形式，企业的资本也不仅仅体现在资金的数量上，资本的"量"只是一方面。投入的技术能否持续发展还取决于资本的"质"，衡量资本"质"的重要指标就是企业的公司治理。资本的"质"还会直接影响资本组织形式自身的发展，作用不可忽视。因此，本书会对资本的"量"与"质"同时加以考察。

（二）用公司治理衡量资本"质"的理论依据

无论个人企业、合伙企业还是公司，在本质上都是资本的组织形式。下面三章本书将考察资本的组织形式在印刷技术推广与扩散中所起的作用，为了更深入细致地考察，本书将资本从"量"与"质"上加以区分。资本的"量"能从企业投入的资金数量中体现，而资本的"质"比较抽象，本书把公司治理作为衡量资本"质"的重要指标。资本的组织形式便是资本"量"与"质"的提供者，作为印刷出版行业一种重要的资本组织形式，"公司"是本书研究的主要对象。

把公司治理作为衡量资本"质"的指标在学术上与实践上都有其合理性。公司作为一种资本的组织形式，资本是公司治理机制背后的决定力量。①公司治理在某种程度上也反映了资本关联方的博弈。② Shleifer 和 Vishny（1997）认为公司治理要处理的就是如何设计机制使资本供给者都能从投资中获得相应的收益。资本的供给者不仅包括公司股东和债权人，还包括经营者，因为金融资本的提供者需要依靠特殊的人力资本——经营者来产生回报。③ 而人力资本是人力投资的结果，人力资本归根到底还是由金融资本转化而来的。④ 已有研究发现，公司治理结构会对企业的盈利能力以及长期发展都产生显著影响。⑤

杨勇认为，一个健全的治理机制不但为经理人提供了经营决策的空间，而且能限制经理人的机会主义行为，保证经理人的经营决策行为是为股东利益最大化而做出的，并能够促进企业的长远健康发展。⑥这也是本书用公司治理来衡量资本的"质"的一个重要原因。能否保障股东的利益，并促进企业的长远健康发展是反映资本"质"的优劣的客观标准。

（三）将公司治理概念加以延伸的理论依据

公司治理结构的概念也同样适用于非公司企业。布莱尔认为公司治理有两层含义：狭义的公司治理主要是指由股东大会、董事会、监事会以及其管理层的关系所构成的安排与机制，并通过这种机制来促使管理者做出

---

① ⑥ 杨勇：《近代中国公司治理：思想演变与制度变迁》，上海人民出版社 2007 年版。

② 杨瑞龙、杨其静：《梯式的渐进制度变迁模型——再论地方政府在我国制度变迁中的作用》，《经济研究》2000 年第 3 期。

③ A. Shleifer and R. Vishny, "A survey of corporate governance", *Journal of Finance*, 1997, 52 (2): 737-783.

④ 周其仁：《市场里的企业：一个人力资本与非人力资本的特别合约》，《经济研究》1996 年第 6 期。

⑤ 陈小悦、徐晓东：《股权结构、企业绩效与投资者利益保护》，《经济研究》2001 年第 11 期；赵景文、于增彪：《股权制衡与公司经营业绩》，《会计研究》2005 年第 12 期；高雷、何少华、黄志忠：《公司治理与掏空》，《经济学（季刊）》2006 年第 3 期；罗红霞：《公司治理、投资效率与财务绩效度量及其关系》，吉林大学博士学位论文，2014 年。

最有利于公司价值的决策；广义的公司治理是指有关公司控制权和剩余索取权分配的一整套法律、文化和制度性安排，这些安排决定公司的目标、谁在什么状态下实施控制、如何控制、风险和收益如何在不同企业成员之间分配等问题。[①] 张维迎认为，根据布莱尔广义的公司治理结构的概念，公司治理结构这个概念也适用于非公司企业，并且上述法律与制度的安排也可以是非正式的，"非正式契约是指由文化、社会习惯等形成的行为规范"。[②] 只要企业存在投资人与经理人之间委托—代理的关系，便不可避免地面临治理结构的问题。这是本书对公司治理结构的概念加以延伸的依据。

第三节

文献综述

一、关于中国印刷史的文献

关于中国印刷史的文献十分丰富，大致可以分为四类。第一类是以传统方法专门研究印刷史的文献。第二类是相关出版史的文献，由于中国的印刷与出版没有明确的分工，因此有关出版的著作中有许多关于印刷的论述。第三类是与印刷出版机构有关的文献，包括印刷出版机构的公司章

---

① ［美］布莱尔：《所有权与控制：面向 21 世纪的公司治理探索》，中国社会科学出版社1999 年版。

② 张维迎：《所有制、治理结构及委托—代理关系》，《经济研究》1996 年第 9 期。

程、制度等方面的资料汇编,对印刷出版机构或者出版名人的回忆或研究,也有印刷出版名人所著的日记或者年谱等。第四类是融合社会学与经济学等方法研究中国印刷出版的专题性著作。由于历史学家更加注重著作,很多有影响力的作品都是以著作的形式呈现,因此中国印刷史的文献综述以著作为主。

专门研究中国印刷史的文献多是由印刷史专家所作的通史性著作,主要是从历史的角度来阐释中国印刷技术的发展以及印刷技术对社会与文化等方面的影响。比较有代表性的著作有:刘国钧著的《中国的印刷》①,张秀民著的《中国印刷史》②,张树栋等著的《中华印刷通史》③,钱存训著、郑如斯编订的《中国纸和印刷文化史》④,范慕韩主编的《中国近代印刷史初稿》⑤,方晓阳与韩琦著的《中国古代印刷工程技术史》⑥。清代的叶德辉著有《书林清话》⑦ 一书,以笔记的形式对从唐至清历代雕版刻书与活字印刷的发展传播等情况加以介绍,可以算是中国最早的印刷出版史专著。本书对中国印刷史的发展以及雕版印刷与活字印刷各自技术特点的介绍大多是参考此类文献。

出版史的文献通常会涉及书刊的印刷活动。尤其是关于近代印刷技术发展的介绍与论述,大多存在于出版史的文献中。这些文献主要有:张静庐辑注的《中国近现代出版史料》(1~8 卷)⑧,宋原放主编的《中国出版

---

① 刘国钧:《中国的印刷》,上海人民出版社 1979 年版。
② 张秀民:《中国印刷史》,浙江古籍出版社 2006 年版。
③ 张树栋、庞多益、郑如斯等:《中华印刷通史》,印刷工业出版社 1999 年版。
④ 钱存训著、郑如斯编订:《中国纸和印刷文化史》,广西师范大学出版社 2004 年版。
⑤ 范慕韩:《中国近代印刷史初稿》,印刷工业出版社 1995 年版。
⑥ 方晓阳、韩琦:《中国古代印刷工程技术史》,山西教育出版社 2013 年版。
⑦ 叶德辉:《书林清话》,浙江人民美术出版社 2016 年版。
⑧ 张静庐:《中国近现代出版史料》(1~8 卷),上海书店出版社 2003 年版。

史料（古代部分）》（1~2 卷）① 与《中国出版史料（近代部分）》（1~3 卷）②，叶再生著的《中国近代现代出版通史》③，肖东发主编的《中国编辑出版史》④，胡国祥著的《近代传教士出版研究》⑤ 等著作。

与印刷出版机构有关的文献以商务印书馆和中华书局为主要研究对象，主要介绍这些印刷出版机构的生产情况、技术设备以及经营管理等。如汪耀华编的《民国书业经营规章》⑥ 与《商务印书馆史料选编（1897—1950）》⑦，王建辉著的《文化的商务：王云五专题研究》⑧，王云五著的《商务印书馆与新教育年谱》⑨，范军与何国梅著的《商务印书馆企业制度研究（1897—1949）》⑩，商务印书馆编的回忆录《商务印书馆九十年》⑪《商务印书馆九十五年》⑫《商务印书馆一百年》⑬，中华书局编的《我与中华书局》，钱炳寰编的《中华书局大事纪要（1912—1954）》⑭，中华书局编的《中华书局百年大事记》⑮ 等。本书在以商务印书馆为例研究综合性印刷出版公司的时候参考引用了其中的一部分文献。

也有一些文献融合统计学、社会学与经济学等学科的方法对书籍的印

① 宋原放：《中国出版史料（古代部分）》（1~2 卷），湖北教育出版社、山东教育出版社 2004 年版。
② 宋原放：《中国出版史料（近代部分）》（1~3 卷），湖北教育出版社、山东教育出版社 2004 年版。
③ 叶再生：《中国近代现代出版通史》，华文出版社 2002 年版。
④ 肖东发：《中国编辑出版史》，辽宁教育出版社 1996 年版。
⑤ 胡国祥：《近代传教士出版研究》，华中师范大学出版社 2013 年版。
⑥ 汪耀华：《民国书业经营规章》，上海书店出版社 2006 年版。
⑦ 汪耀华：《商务印书馆史料选编（1897—1950）》，上海书店出版社 2017 年版。
⑧ 王建辉：《文化的商务：王云五专题研究》，商务印书馆 2000 年版。
⑨ 王云五：《商务印书馆与新教育年谱》，江西教育出版社 2008 年版。
⑩ 范军、何国梅：《商务印书馆企业制度研究（1897—1949）》，华中师范大学出版社 2014 年版。
⑪ 商务印书馆：《商务印书馆九十年》，商务印书馆 1987 年版。
⑫ 商务印书馆：《商务印书馆九十五年》，商务印书馆 1992 年版。
⑬ 商务印书馆：《商务印书馆一百年》，商务印书馆 1998 年版。
⑭ 钱炳寰：《中华书局大事纪要（1912—1954）》，中华书局 2005 年版。
⑮ 中华书局：《中华书局百年大事记》，中华书局 2012 年版。

刷出版加以研究。本书的写作从这类文献中受到不少启发。这类型的研究
最早是由法国学者费夫贺（Lucien Febvre）和他的学生马尔坦（Henri-
Jean Martin）开创，他们在《印刷书的诞生》① 一书中不再局限于研究印
刷的技术、版本等，而是考察了书籍的生产、发行、流通与消费等环节，
并分析其中的成本与收益，将书籍印刷置于社会经济史的研究框架内。后
来西方学者也将这种方法用于研究中国的印刷与出版，中国学者随后也加
以借鉴，做出了一系列成果。这些研究中具有代表性的著作有：包筠雅
（Cynthia J. Brokaw）著的《文化贸易：清代至民国时期四堡的书籍交
易》②，周绍明（Joseph P. McDermott）著的《书籍的社会史：中华帝国晚
期的书籍与士人文化》③，井上进著的《中国出版文化史》④，许静波著的
《石头记：上海近代石印书业研究 1843—1956》⑤，芮哲非（Christopher A.
Reed）著的《谷腾堡在上海：中国印刷资本业的发展（1876—1937）》⑥，
苏精著的《铸以代刻：十九世纪中文印刷变局》⑦，以及韩琦与米盖拉主编
的论文集《中国和欧洲：印刷术与书籍史》⑧。

二、关于技术变迁与扩散的文献

·技术变迁与技术扩散这两个概念有一定关联，但也不完全相同。技术
变迁侧重技术的创新与演化，⑨ 而技术扩散则侧重于技术的推广与传播。

---

① ［法］费夫贺、马尔坦：《印刷书的诞生》，广西师范大学出版社 2006 年版。
② ［美］包筠雅：《文化贸易：清代至民国时期四堡的书籍交易》，北京大学出版社 2015 年版。
③ ［美］周绍明：《书籍的社会史：中华帝国晚期的书籍与士人文化》，北京大学出版社 2009 年版。
④ ［日］井上进：《中国出版文化史》，华中师范大学出版社 2015 年版。
⑤ 许静波：《石头记：上海近代石印书业研究 1843—1956》，苏州大学出版社 2014 年版。
⑥ ［美］芮哲非：《谷腾堡在上海：中国印刷资本业的发展（1876—1937）》，商务印书馆 2014 年版。
⑦ 苏精：《铸以代刻：十九世纪中文印刷变局》，中华书局 2018 年版。
⑧ 韩琦、［意］米盖拉：《中国和欧洲：印刷术与书籍史》，商务印书馆 2008 年版。
⑨ 王晓蓉、贾根良：《“新熊彼特”技术变迁理论评述》，《南开经济研究》2001 年第 1 期。

与本书相关的技术变迁与扩散的文献也可以大致分为三类。第一类是技术变迁的相关理论，第二类是技术扩散的相关理论，第三类是和印刷技术变迁与扩散直接相关的文献。

关于技术变迁最经典的理论便是熊彼特提出来的"创造性毁灭"[①]，后来的研究大多遵循了熊彼特的思路，并加以深化改进，将技术的变迁作为一个动态演化的过程。代表性的文献有：乔尔·莫基尔（Joel Mokyr）著的《富裕的杠杆：技术革新与经济进步》[②]，梅特卡夫（Metcalfe J. Stanley）著的《演化经济学与创造性毁灭》[③]，约翰·齐曼（John Ziman）主编的《技术创新进化论》[④] 等。

技术扩散在经济学以及经济发展中十分重要。研究者认为技术扩散可以促进报酬递增（Romer，1986），增加人力资本的存量（Coe and Helpman，1995），进而促进经济长期增长。Keller（2004）的研究发现，在经济全球化的背景下，外来技术的扩散能够解释大部分国家国内生产效率增长的 90%。对于影响技术扩散的原因，研究者从社会、经济、制度等角度进行了广泛深入的讨论。历史学家与社会学家注重从外部环境、制度文化等方面研究影响技术扩散的因素（Rogers，1995；Rosenberg，1972），经济学家则主要基于微观个体的成本收益比较分析来研究技术扩散（Griliches，1957；Biddle，2011；Gragnolati et al.，2014）。此外研究者还发现，一个国家或者地区的地理位置（Keller，2001；Bottazzi and Giovanni，2003）、要素禀赋（Comin and Hobijn，2010）、政治制度（Comin and Hobijn，2009）、文化观念（Rogers，1995）等都会影响技术扩散的速度。

关于印刷技术的变迁，也有许多讨论，但多分散于经济史、书籍史与

---

① ［美］熊彼特：《经济发展理论》，商务印书馆 1990 年版。
② ［美］乔尔·莫基尔：《富裕的杠杆：技术革新与经济进步》，华夏出版社 2008 年版。
③ ［英］梅特卡夫：《演化经济学与创造性毁灭》，中国人民大学出版社 2007 年版。
④ ［英］约翰·齐曼：《技术创新进化论》，上海科技教育出版社 2002 年版。

印刷史的文献中。与此相关的文献有范赞登著的《通往工业革命的漫长道路：全球视野下的欧洲经济，1000—1800 年》①，周绍明著的《书籍的社会史：中华帝国晚期的书籍与士人文化》②，汪家熔著的《商务印书馆史及其他——汪家熔出版史研究文集》③，熊月之著的《西学东渐与晚清社会》④，也有相关论文对印刷技术的变迁做了讨论（Dittmar，2011；刘琳琳，2004）。

第四节
内容与结构

本书根据中国印刷技术在不同阶段的特征，分四个时期对中国印刷技术在明末清初至民国时期的发展情况进行介绍，并将技术史、社会史、商业史与经济史相结合，研究这些时期中国印刷技术变迁的过程与影响该过程的社会经济动力机制。本书提出，中国图书市场的需求会影响印刷出版商对印刷技术的投资意愿，进而决定对印刷技术的选择，市场需求的变化推动了中国近代印刷技术的转型与发展。同时，金融市场的发展以及股份公司的发展都会影响印刷出版商投资印刷技术的能力，并且股份公司的作用并非是单一的，公司作为一种资本的组织形式，是资本"量"与"质"

① ［荷］扬·卢滕·范赞登：《通往工业革命的漫长道路：全球视野下的欧洲经济，1000—1800 年》，浙江大学出版社 2016 年版。
② ［美］周绍明：《书籍的社会史：中华帝国晚期的书籍与士人文化》，北京大学出版社 2009 年版。
③ 汪家熔：《商务印书馆史及其他——汪家熔出版史研究文集》，中国书籍出版社 1998 年版。
④ 熊月之：《西学东渐与晚清社会》，上海人民出版社 1994 年版。

的提供者，"量"与"质"在印刷技术发展过程中所起的作用也不一样。

本书的结构安排如下：第一章为导论，介绍本书的选题背景、理论框架、贡献创新与研究展望，并对相关文献加以综述。第二章是介绍中国印刷技术变迁的背景，并介绍各种印刷技术的特点与发展的过程。第三章是从市场需求与投资意愿的角度出发，分析初始资本投入较高的印刷技术的扩散与中国图书市场对印刷技术需求的关系，主要研究木活字印刷为何能在族谱印制领域成为主流。第四章至第六章主要研究资本的组织形式在印刷技术转型与发展中的作用，而资本的组织形式所提供的资本又可以从"量"与"质"上加以区分，资本的"质"用公司治理来衡量。第四章主要是从资本"质"的角度来研究教会印刷所的治理结构对印刷所自身及印刷技术传播的影响。研究教会印刷所的治理结构有两个重要原因：一是教会印刷所是当时推动新式印刷技术在中国发展的主要力量；二是当时两家教会的印刷所在治理结构方面存在差异，而它们自身发展的命运以及对中国印刷技术传播的影响也截然不同。第五章主要研究在股份制公司发展的初步阶段，合伙企业作为一种资本的组织形式所提供的资本在石印技术发展过程中的作用，并以同文书局为案例加以分析。研究同文书局是因为它的规模以及影响力在当时都比较大，其发展也具有代表性。第六章同样对资本的"量"与"质"做了区分，以商务印书馆为例研究了成熟的股份制公司对新式印刷技术发展的作用。以商务印书馆为例是因为它是当时成立最早、规模最大的综合性印刷出版公司，在自身发展与对中国印刷技术的影响方面能体现当时股份制公司的一些特点。第七章为全书的结论与启示。

本书的整体框架如图1-2所示。

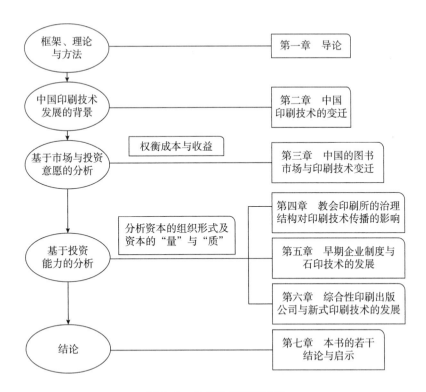

图1-2 本书的结构与框架

第五节
贡献与创新

　　本书在基于市场与资本的视角，使用经济学方法探讨中国印刷技术变迁的研究上有一定的创新。具体来说，可以分为以下几个方面。

一、方法上的创新

本书用经济学的分析方法研究了中国明末清初至民国时期四百多年时间里印刷技术的变迁，在长时段的研究中，运用了跨学科的综合研究方法，这也体现了当前中国经济史研究的趋势。[①] 具体来讲，本书的研究融合了经济学、管理学、历史学等学科知识，历史学又涉及经济史、技术史、教育史、宗族史与印刷出版史等领域。本书的论证方法包括基于数据的统计论证与基于史料的案例论证：在论证市场需求与技术扩散的关系时，使用包含近两万种族谱的数据来进行统计检验；在研究近代股份公司与技术扩散的关系时，利用《申报》、相关人物的自述年谱等一手史料来进行案例分析。

二、观点上的创新

关于中国印刷技术的变迁，以往的研究主要是从印刷术的适用特点、技术层面的优缺点等方面来考察，但这些研究往往流于表面，都还有进一步讨论的空间。一些学者在研究"李约瑟之谜"时，也常把中国的活字印刷没能普及作为例子来讨论，认为科举考试使精英人士专注于四书五经而不关心技术是新技术难以扩散的重要原因。本书基于资本的视角，用经济学的方法对中国印刷技术变迁的内在机制做了深入探讨。研究发现，中国图书市场的需求才是对资本投入要求较高、效率也更高的印刷技术扩散的主要原因。

此外，本书还研究了股份制公司在中国近代印刷技术转型中的作用。作为一种新的资本组织形式，股份制公司对新式印刷技术在中国的改良与

---

① 王昉、曾雄佩、许晨：《制度、思想与社会组织：探索中国经济史研究的新路径》，《中国经济史研究》2016 年第 6 期。

扩散有很重要的作用。本书对资本的"量"与"质"做了区分，以公司治理为衡量资本质量的指标，并解释了在股份公司制度发展的不同阶段，不同印刷出版公司命运也截然不同的原因，认为处理投资人与经理人关系的公司治理结构在其中起了至关重要的作用。

三、资料上的创新

本书在研究近代印刷出版公司与新式印刷技术的改良与扩散时，大量使用了《申报》、公司章程制度以及当事人的日记、自述年谱等一手史料，其中很多史料都是首次使用。

一方面，一手史料的挖掘与应用进一步还原了历史事实，有助于对相关事件及制度有更全面、深入的认识。例如，通过《申报》上的一则"股票遗失"的公告，我们知道由同文书局首创设立的"股印制"是可以挂失补领的；《申报》关于舒氏打字机畅销海外的报道，也让我们对商务印书馆在改良印刷设备方面的成就与影响力有了更深刻的印象。这些都是之前的研究没有涉及的。另一方面，一手史料的应用也能对以往研究中一些史实上的错误加以纠正。例如，1914 年商务印书馆的总经理被刺身亡，关于之后的人事安排，有研究者认为"夏瑞芳身亡后，董事会指定高凤池接替其总经理的位置，张元济任经理"[①]。然而事实上，通过商务印书馆当时在《申报》上刊登的两则公告发现，商务印书馆人事变动过程要比这曲折得多。夏瑞芳去世后，董事会先是选举了印有模为总经理，高凤池为经理。但印有模接任一年多便生病告假，1915 年 11 月在日本去世，董事会这才决议高凤池为总经理。这曲折的经历没有阻碍商务印书馆的发展，更足以体现当时商务印书馆的法人治理在制度与应用上的成熟。

---

① ［美］芮哲非：《谷腾堡在上海：中国印刷资本业的发展（1876—1937）》，商务印书馆 2014 年版。

第六节
研究展望

本书虽然在研究上取得了一些成果，但受限于数据、资料以及笔者能力，还存有许多不足与缺憾，希望能在后续的研究中有所突破。此外，在本书研究过程中，笔者发现还有一些相关的问题值得深入探讨。后续的完善与深入主要有以下几个方面：

（1）由于资料限制，有部分章节的分析未能展开。例如，清代金融业的具体发展情况、中国印刷业发展情况的细节资料与系统性数据相对缺乏。后续的研究将搜集与使用更多的资料与数据做进一步完善。在关于教会印刷所的研究中，由于相关史料大多在英美等国的大学图书馆或者档案馆，所以很多资料只能从苏精的《铸以代刻：十九世纪中文印刷变局》一书中加以引用。如果条件许可，希望将来能用一手史料对相关问题做进一步的拓展深化。

（2）本书的分析主要是基于史料做案例分析，虽然有利用数据做简单的统计描述与相关性检验，但是对一些重要问题没能通过计量方法对它们的因果关系加以识别，例如木活字印刷术的发展与市场需求及金融业之间的因果关系。虽然之前做过很多尝试，但受数据与个人能力限制，一直未能取得突破。后续研究将在数据允许的情况下对这些问题做更细致的量化分析。

（3）在研究过程中，发现还有其他一些有意义的相关问题值得研究，但由于时间和精力有限，没有做过多探讨，希望在后续的研究中能够深入分析。例如，近代工业化的印刷厂很容易发生火灾，而一些印刷公司因为买了火险，在经历了几次火灾之后反而越做越好。如果没有火险，像印刷纺织等容易发生火灾的行业由于风险太大，可能很多人不愿意投资。由此可见，保险在工业化初始阶段的意义重大。中西方印刷技术发展的比较也是值得深入研究的问题。西方印刷术的发明与使用起步较晚，但发展较快，并远远超越了中国。这问题也能从资本的视角加以解答，因为西方印刷出版业的分工更精细，铸造活字、印刷、出版都由不同的企业分工，大大降低了活字印刷出版的投资风险，而且西方字母活字相对汉字要简单很多，需要的字模很少，大大降低了活字的铸造成本。

中国印刷技术的变迁

第一节
中国印刷技术变迁的大致历程

中国是印刷技术的发源地，至今已有上千年使用印刷术的历史。本书研究的时间段则主要是从明末清初到民国，这一时期中国的印刷技术经历了数次重大的变迁。根据各种印刷技术的普及程度与发展状况，这一时期大致可以划分为四个阶段。以这四个时间段为线索，中国印刷技术变迁与发展的经过大致如下：

第一个阶段是从明末清初至19世纪初西方印刷术进入之前。在这一阶段，中国同时拥有雕版印刷与活字印刷两种印刷技术。雕版印刷术始于隋唐时期，并逐渐成为中国复制文字的主要方式。北宋庆历年间，毕昇便发明了活字印刷，但活字印刷的推广有限。在这一阶段，雕版印刷在中国普及的程度很高，处于中国印刷业的主流地位。从清乾隆年间开始，木活字印刷在族谱印制中得到广泛应用，并在很多地区成为印制族谱的主要方式，不过活字印刷并未能推广及其他领域。

第二个阶段是从19世纪初至19世纪70年代。随着新教传教士在中国展开传教活动，西方印刷术被引介至中国，这一阶段是西式活字印刷在中国普及前的准备与奠基阶段。传教士是这阶段推动西式印刷技术发展与传播的主体。为了协助传教，各教会在中国设立印刷所，积极推动改良中国活字的铸造技术，并从英美等国引入了先进的印刷设备及专业技工，还培养了一批印刷出版人才，为西式印刷技术在中国的传播奠定了基础。

第三个阶段是 19 世纪 70 年代至 20 世纪初。这一阶段，西式印刷技术在中国的传播进入发展与本土化阶段。中国民间的印刷出版商代替传教士，成为了这一阶段推广新式印刷技术的主导力量。石印技术在这个阶段逐渐取代了中国传统雕版印刷的地位，成为中文印刷的主要方法。也是在这一阶段，中国的石印业开始投入大量资本开展有组织有规模的生产，中国的印刷出版行业从此进入工业化生产阶段。

第四个阶段是从 20 世纪初至 1937 年抗日战争爆发。在这一阶段，石印业迅速衰落，以西式活字印刷为主业的综合性印刷出版公司兴起，西式的活字印刷也随之成为了中国印刷技术的主流，新式印刷技术的改良与发展也比以往更加迅速。

下面对这一时期各种印刷技术的特点与发展状况展开介绍。

第二节

中国传统印刷技术的特点与发展

一、雕版印刷的特点与发展

（一）雕版印刷技术的工艺流程及特点

雕版印刷是将反刻在木质印版上的图文印墨转印到纸上成为正像的一种复制技术。制版的木料通常采用梨木、枣木和梓木。采用这些木材是因为它们纹理细密、质地均匀，方便雕刻，同时还资源丰富、价格低廉。解材成板后，在水中浸泡一段时间，通常为一个月左右，再晾干备用。这样能使木材内的树脂溶解，干燥后不会翘裂。木板干燥后再打磨成版。其基本工艺流程如下①：

（1）抄书人将原稿誊写在一张极薄的白纸上，称为"写样"；

（2）先在板片涂上一层薄薄的糨糊，再将"写样"好的纸面贴在板面上并用扁平棕刷轻拭纸背，使字迹转现在板面，待板面干燥后，再把纸去掉，这一过程称为"上板"；

（3）"上板"完成后，木板表面已显现清晰的反文，将板面上有字迹的地方保留，其余空白地方都刻去，这就有了凸起的反字，这一过程便是"雕刻"，也称"刊刻"；

（4）雕刻完成后便可印刷，先将雕版用粘板膏固定在案桌上，将墨汁涂在雕刻凸起的板面，随即用白纸平铺其上，再用刷子轻轻拭刷纸背，最后将印好的纸张揭下晾干；

（5）最后便是装订成书。

根据雕版印刷的工艺流程可知，雕版印刷的主要环节是制作刻版，刻版完成之后便可以重复利用。只要将刻版加以保存便可以长久使用。不过，刻版也有其生命周期，随着时间推移，刻版表面会被磨损，一套刻版能够印刷的书籍数量是有限的。具体印数受很多因素的影响，如木料、墨、印工的质量等。据米怜的记载，一块优良品质的刻版在印工的精心操作下印刷能达到30000份。② 也有记载称"每块书板可初印一万六千张，字迹清楚，其后略加修整，可再印一万张"③。这印量可以满足绝大多数印刷品的需求。

因此可知，雕版印刷特别适用于内容长年不变的图书，可以根据当前

---

①　雕版印刷的工艺流程参见钱存训：《中国古代书籍、纸墨及印刷术》，北京图书馆出版社2002年版。

②　［英］米怜：《新教在华传教前十年回顾》，大象出版社2008年版。

③　钱存训：《中国古代书籍、纸墨及印刷术》，北京图书馆出版社2002年版。

的需求印刷适当的数量，需要的时候再把刻版取出来重新印刷，能有效地控制成本。不过，刻版花费的时间比较长，对于内容需要更新且有时效性要求的书刊，雕版印刷并不适用。

（二）雕版印刷技术的扩散与发展

印刷术产生之前书籍的形式是手抄本，印刷技术发展普及之后，手抄本并未消失，而是长期并存。手抄本不需要其他固定投入，只要雇佣抄手进行抄写即可，以致成本很低。据明末文人李诩记载，在其年少的时候即16世纪初期缺乏学习举业的刊本，朋友手抄了数十篇文章，一篇二三十纸。李诩以每篇二文到三文的酬钱买下了其中的几篇。[①] 就单本书而言，手抄本的成本比印本要低得多。如果不是需求很大的书籍，商业出版的印本很难与手抄本竞争。雕版印刷术在明代中后期扩散速度加快，官方与民间藏书的版本就能充分反映这个趋势。明初藏书以抄本为主，例如，文渊阁的藏书"刻本占十分之三，抄本占十分之七"[②]。但到了明末，藏书便基本由刻本组成了。例如，16世纪后半期，在范钦、范大冲父子收集的浙江天一阁的四千部藏书中，"刻本占十分之八，抄本占十分之二"[③]。

雕版印刷扩散加速的一个重要原因是其成本在这一时期有大幅度的降低。通过雕版印刷的工艺流程可知，雕版印刷主要有誊写、上板、刊刻、刷印和装订五个环节，这五个环节的成本在16世纪时都有较大幅度的下降。在誊写环节，明中期以后出现职业化的抄书匠从事誊写工作，而在之前大都是由学者和士人来完成，有的还是书法家。[④] 在刷印环节则是纸张成本降低。15~16世纪，福建和浙江等地大量生产改进的竹纸，江西对荒

① 李诩：《戒庵老人漫笔》，中华书局1982年版。
② 《明史》卷九十六《艺文志》一，转引自［日］井上进《中国出版文化史》，华中师范大学出版社2015年版。
③ ［日］井上进：《中国出版文化史》，华中师范大学出版社2015年版。
④ 张秀民：《中国印刷史》，浙江古籍出版社2006年版。

僻森林进行开发，极大增加了华南便宜纸张的供应。① 在装订环节，方便快捷又成本低廉的线装方式在 16 世纪取代之前流行的蝴蝶装，得到普遍应用。这时期尤为重要的是雕刻环节成本的下降。

刊刻成本是雕版印刷中最大的一部分。② 刊刻成本占雕版印刷大部分费用的观点在族谱的编纂中也能得到佐证。清乾隆年间，安徽休宁苏氏编纂《新安苏氏族谱》。族谱共 17 万字，刊刻支出银两 85 两，抄写支出 20 两 4 钱，另外还有 32 两作为抄手和刻工的膳食费，而刷印、装订以及纸张总共才 30 两，买纸笔银 2 两。③ 可见，刊刻所占费用超过了雕版印刷总费用的 50%。

明末清初雕版印刷成本的下降主要来自于刊刻阶段劳动力成本的下降。这时期刊刻环节成本大幅下降主要是因为"匠体字"在雕版印刷中出现了。这种整齐划一、缺乏个性的"匠体字"，也称"宋体字"。"宋体字"并非始于宋代，而是出现在明代的万历年间，"明季始有书工，专写肤廓字样，谓之宋体"④。"匠体字"在明末出现之后便在印刷中广为应用，"明、清两代不论雕版与铜木活字，大都采用这种明字，形成了一种印刷体"⑤。这种字体由五种基本笔画组成方块字，不需要注意原始笔画顺序的动态关联与书法风格，降低了誊写与刊刻的书法与雕刻技艺，刻工无须识文断字也能完成这项工作，大大减少了成本。我们能通过 18 世纪内务府《物料价值则例》中规定的抄写和刊刻三种不同书法字体的报酬，来考察

---

① 潘吉星：《中国造纸史》，上海人民出版社 2009 年版。

② ［美］周绍明：《书籍的社会史》，北京大学出版社 2009 年版。

③ 《新安苏氏族谱》卷五《剖晰出入总数》，转引自卞利《明清至民国时期徽州族谱的纂修、刊印、避讳及其家国关系互动初探》，载郑振满《族谱研究》，社会科学文献出版社 2013 年版。

④ 贺圣鼐：《三十五年来中国之印刷术》，载张静庐辑注《中国近代出版史料初编》，中华书局 1957 年版。

⑤ 张秀民：《中国印刷史》，浙江古籍出版社 2006 年版。张秀民称在其翻阅的现存近四百种宋版书中，从未发现此种方块字，因此认为应改称"明体字"。

成本降低的幅度（见表2-1）。抄手写匠体字，每千字只要2钱银子，而刻工每刻一百字只需要付8分钱。匠体字的使用使雕版印刷在抄写与刊刻这两个基本环节，至少节约了50%的费用。

表2-1　不同字体抄手与刻工工钱比较

书法字体	抄手（每千字）	刻工（每百字）
宋体（匠体）	2钱银子	8分
欧体	4钱银子	1钱6分
标准体（楷书）	3钱银子	1钱3分

资料来源：《物料价值则例》，清乾隆三十三年（1768年）刊本。

到了清代，虽然官方给的刻字工价略有上涨，[①] 但民间刻版的成本不一定有很大提升，甚至可能是下降的。因为刻"匠体字"不需要识字，能根据文本来刻字就行，所以清代便开始大量使用廉价的女工和童工来刻字，"至清代南北妇女参加雕刻或印刷的比较普遍，有的地方甚至以女工为主，男工为辅"[②]。当时的县志与文集多有妇孺、小孩参与刻版的记载。[③] 关于妇女参与刻字，当时的英国传教士米怜也有过记录，他说："在中国，有许多像后者一样的工人，尤其是一字不识的女工（因为她们刻字丝毫不亚于男性），能以此为业赚取生活费用。"[④] 女工和童工的参与大大降低了刻版成本，据叶德辉记载，清代"永州刻字多女工，其坊行书刻价每百字

———————————

① 明万历年间刻工工资为每百字4分，康熙至嘉庆年间武英殿的刻字工资为每百字8分，若考虑物价因素，刻工工资的涨幅可能要打点折扣。张秀民：《中国印刷史》，浙江古籍出版社2006年版。

② 张秀民：《中国印刷史》，浙江古籍出版社2006年版。

③ 例如：清咸丰《顺德县志》卷三；徐珂《清稗类钞》第五册；金武祥《粟香三笔》卷四，转引自张秀民《中国印刷史》，浙江古籍出版社2006年版。

④ ［英］米怜：《新教在华传教前十年回顾》，大象出版社2008年版。注：他说的像后者一样的工人，指的是汉语知识有限，只能按照文本来刻字的工人。

仅二三十文。江西、广东亦然"①。不过，由妇女小孩刻的字虽然价廉工速，但也容易出错，这样的书籍也被时人所诟病。黄俊苑曾抱怨"目今坊间行售，只取价廉易脱，如汀郡板尤错误不可胜指"②。叶德辉也表示女工刻字"价虽廉而讹误不可收拾矣"③。

随着雕版刻工的门槛越来越低，雕版印刷的成本也随之降低。雕版印刷业对资金的要求也越来越低。例如，康熙年间，福建四堡的马权亨依靠20两银子便雇工刻印了《四书》《诗经注》《幼学故事琼林》和《增广贤文》，相当于是成立了一家书坊。④ 由此可见，雕版印刷已成为一种对资本要求极低的劳动密集型技术，也一直是中国传统社会印刷业的主流，其主流地位一直持续到19世纪末被西式的石印技术取代。

二、传统活字印刷的特点与发展

活字印刷是中国历史上另一种重要的印刷技术。早在北宋年间，平民毕昇便发明了泥活字印刷术。活字印刷与雕版印刷的主要区别是制版模式不同。活字印刷是先制成多枚单个的活字，然后根据需要印刷的书稿逐字挑选活字，排成一页页的反体阳文印版。活字印刷的版面与内容可以根据印刷者的需要进行组合，拆版后的活字还可以继续排印其他书籍。因此，活字印刷相比雕版印刷更加节省印版材料，印刷的生产周期也比雕版印刷短。⑤ 其很适用于内容经常变化，有时效性要求的书刊。

---

① 叶德辉：《书林清话》，浙江人民美术出版社2016年版。注：根据清代的银铜比价，一钱约等于100文，女工的价格相当于每百字银2～3分。
② 黄俊苑：《止斋遗书》卷十三，1875，第9页a，转引自［美］包筠雅《文化贸易》，北京大学出版社2015年版。注：汀郡版指四堡版，此地刻书有女工、童工参与，具体参见转引的包筠雅一书。
③ 叶德辉：《书林清话》，浙江人民美术出版社2016年版。
④ ［美］包筠雅：《文化贸易》，北京大学出版社2015年版。
⑤ 方晓阳、韩琦：《中国古代印刷工程技术史》，山西教育出版社2013年版。

活字印刷一个很大的困难是活字制造的成本很高。中国文字很大的一个特点便是字数繁多、各不相同。一般情况下，一些常用字在一个印版里面会出现很多次，这些常用字需要刻多个备用，而且为排印不同字体、正文和注解，同一个字也要多备几种，因此一副活字可能要超过二十万个活字。[①]更主要的是，活字的刻字成本要远高于雕版。以乾隆年间武英殿的雕版刻字与刻制活字为例。当时武英殿用梨木雕版刻字，给刻工的工资为每刻一百字八分。武英殿还用枣木雕造活字，给刻工的工资是每百个银四钱五分，若是刻铜字价会更高，为每字银二分五厘。[②]也就是说，刻一个木活字的工钱是刻一个雕版字的近6倍。如果是刻铜活字，则是刻雕版汉字的31倍，若再加上时间和材料的损耗，活字印刷与雕版印刷固定成本（初始投入）的差距会更大。

活字印刷虽然初始成本很高，但活字做好之后，只需检字排版便可付诸印刷，而且印刷完成后拆板归字，还能准备下一个印版的制作，一副活字可印多种图书。因此，活字印刷的速度是远快于雕版印刷的。关于这两种印刷技术在速度上的差异，钱存训曾举例做过粗略比较。明洪武十年（1377年）郑济刻《宋学士文粹》一书，此书共十二万二千余字，由六人分写纸样，刊工十人，历时五十二天完成。该书每板十六行，每行二十七个字，若以四百字计算，平均每天两人共雕成一板。而元代王祯用木活字印《旌德县志》，全书六万字，据称不到一月便印成了一百部。若同样以每板四百字计，则每日可排印二千字，约合五板，相当于是雕版印刷的十倍。[③]

———————

①② 张秀民：《中国印刷史》，浙江古籍出版社2006年版。

③ 钱存训：《中国古代书籍、纸墨及印刷术》，北京图书馆出版社2002年版。注：他这里比较的是活字排版与雕版刻版的速度，活字是按一个人负责排版来计。钱存训这么计的依据是，明代铜活字本《太平御览》这一千卷的巨著也只是二人整摆、二人印行，而王祯所印《旌德县志》是本六万字的书，人工不至于会超过此数。

相对于雕版印刷，活字印刷是一种更高效、也需要更高投入的技术。但是，活字印刷在中国的发展并不顺利。从北宋毕昇发明活字到清代，活字印刷经历了六七个世纪的发展。在这期间，活字印刷在活字的材料、制作工艺以及活字的存放和排版工艺等方面不断改进，但其推广运用却极其迟缓有限。虽然活字印刷在很多方面比雕版印刷要优越，印刷效率也比雕版高。但是活字印刷在中国并没有得到普及，一直没能取代雕版印刷在中国印刷业的主流地位，"活字本的数量也只有雕版书的百分之一二"，[①]只到清乾隆年间才在族谱印制中得到发展。

第三节
西式印刷技术的特点、传播与发展

15 世纪中期，德国的谷腾堡发明金属活字印刷，是西方新式印刷的开端。19 世纪初，随着传教士在中国展开较大规模的传教活动，西方印刷术也陆续传入中国。近代西方的新式印刷术种类繁多，十分复杂。以印刷版式为标准，大体可以分为凸版印刷、平版印刷与凹版印刷三类。凸版印刷是把油墨附着在凸出部分进行印刷。属于这一类的印刷，有活字版、铅版、木版、锌版、照相铜版、三色版、电镀版等。平版印刷是在没有凹凸的版面，以化学的方法做成附着部分和反泼部分进行印刷，有石版、铝版、橡皮版、珂罗版等。凹版印刷是在版面雕凹，在凹部装入油墨再印

---

① 张秀民：《中国印刷史》，浙江古籍出版社 2006 年版。

刷，凹版印刷的制版，通常用雕刻或者照相，如蚀刻凹版、轮转版、雕刻钢版、雕刻凹版、电镀凹版、照相凹版等均属于凹版印刷，这种印刷极为精细，使人不易效仿，但制版费用较普通印刷贵，多用于印制钞票、邮票等。①

中国最早由传教士引进来的是活字印刷，最初主要是铅活字印刷，然后是石印。不过，最先在中国普及的是石印，其在19世纪末成为中国印刷技术的主流。到20世纪初，活字印刷才取代石印在中国印刷业的地位。

一、西式活字印刷技术的传入与发展

（一）传教士与中文活字的研发

1. 中文活字改良的开端

在1807年罗伯特·马礼逊（Robert Morrison）来华之前，传教士印刷宗教读物一般是直接使用中国传统的雕版或者活字印刷。马礼逊是基督教新教牧师，受伦敦差会派遣来华传教，于1807年9月抵达广州。他最初的中文著作也采用雕版印刷。当时中国境内禁止刻工为基督教刻书，马礼逊便秘密雇人刻字模，但后来被官府知道，刻工害怕祸及自身，便烧了字模灭迹。② 若偷渡工匠去境外刻书成本又太高。因此，马礼逊不得不考虑换其他的印刷术，以减少对中国工匠的依赖。此外，同行的竞争也促使了马礼逊转用西式印刷。和他竞争谁最先完成《圣经》翻译的英国浸信会传教士马士曼（Joshua Marshman）在印度从1811年就开始铸造铅活字，并于1813年用铅活字印刷了《约翰福音》，毫无疑问这会对马礼逊产生很大刺激。最终，马礼逊放弃了中国传统的木刻，开始尝试西式活字。1814年，

---

① 参见吴铁声、朱胜愉：《广告和现代印刷术（二）》，《艺文印刷月刊》1940年第2卷第7期。
② 贺圣鼎：《三十五年来中国之印刷术》，载张静庐辑注《中国近代出版史料初编》，中华书局1957年版。

东印度公司在澳门设立印刷所，并雇用职业印工汤姆斯（Peter P. Thoms）来华与马礼逊一起研究铸造中文活字。他们先制造铸模浇铸金属小柱体，再雇用中国人做助手，人工在小柱体上面雕刻中文，以此制造字模。马礼逊从 1815 年起便雇用工匠以此方法打造大小活字各一副，并陆续排印了著名的《华英字典》。①《华英字典》及东印度公司澳门印刷所出版的另外几部书是中国较早采用铅活字机械化排印的书籍。② 马礼逊在用西式方法改良中文活字制造的伟大事业上迈出了重要一步。

2. 铸造中文活字的过程与成果

西式的铅活字与中国传统活字很不一样，西式的活字印刷要用于印刷中文是件很不容易的事。为了说明他们的区别，并弄明白制造铅汉字的难度，我们先来了解一下欧洲制造铅活字的标准过程。铅活字基本工艺流程如下：

（1）在软钢上刻阳文反字，淬火制成坚硬的钢质字范（punch）；

（2）用字范在铜板上冲压出阴文正字的字模（matrix）；

（3）用铅、锑、锡三种金属按适当比例搭配熔成合金，在字模中浇铸制成铅活字（type）。③

这就是"字范—字模—活字"的欧洲传统方法。字模做好后便可以重复铸造同一个字，造字效率特别高，而且由于是同一个模子制造出来的，所以每一个活字的大小与字形都是一致的。西方文字用的是拼音字母，其大小写再加上各类符号，一般也只需要打造一百多个钢质字范。

但铸造中文活字并非易事，因为中文字数繁多，各不相同，如《康熙

---

① 马礼逊转刻为铸、研制西式活字的经历详见苏精：《铸以代刻：十九世纪中文印刷变局》，中华书局 2018 年版。

② 谭树林：《马礼逊与中华文化论稿》，台北宇宙光出版社 2006 年版，转引自田峰《19 世纪西方传教士与中国印刷业转型》，《山东理工大学学报（社会科学版）》2017 年第 4 期。

③ 工艺流程参考孙启军：《六种还是七种？——姜别利创制中文铅活字略论》，《中国出版史研究》2018 年第 1 期。

字典》中收录的汉字就多达四万多个。中国传统的活字基本是用手工刻成的。若"要在只有零点几公分见方的坚硬钢材上雕刻笔画复杂的象形汉字的字范，是几近不可能完成的任务"[①]。因此，若要铸造汉字，必须在铸字方法上加以改进。马礼逊与汤姆斯那种先铸金属块再在上面刻字的方法，严格来说还是中国传统的刻字，并不是西式方法的铸字。不过在马礼逊改良活字之后，不少西方人加入了研制用字模铸造中文活字方法的队伍。这些改进的造字方法大致可以分为雕铸、拼合活字与电镀三种。这三种方法及所取得的成果如下：

（1）雕铸造字。像马礼逊和汤姆斯一样雕刻活字并不是最理想的方式，如果活字坏了就需要重新从头做一次，这样导致成本很高。雕铸便不一样，它还是采用了"字范—字模—活字"的欧洲传统方式，首先在钢上雕刻字做好钢模，其次再铸字，当然难度也非常大，但钢质字范可以永久使用。雕铸中文活字的先驱是伦敦教会的传教士戴尔（Samuel Dyer）。戴尔依据使用频率对汉字做了统计分类，将其分为常用字和非常用字，常用的汉字全部以钢刻成，制成字模，不常用的字就用雕刻或者在刻版上铸字的办法。戴尔于1833年在马六甲开始这项工作，经过几年不断努力，刻成大字模一千八百多枚，以及部分小字模。戴尔于1843年去世，之后，他的工作由美国印工柯理（Richard Cole）继续开展。按照戴尔的方法，柯理在美国长老会的资助下于1851年完成了刻制小字字模的工作，因为这套字模印制于中国香港，故也叫"香港字"。戴尔与柯理等研制的雕铸铅字先在中国香港、槟榔屿推广使用，后来陆续传入上海、北京。北京同文馆印刷科学与宗教书籍的活字便是这种雕铸活字。[②]

（2）"拼合活字"造字。铸造中文活字的一个难题是需要制造很多字

---

① 苏精：《铸以代刻：十九世纪中文印刷变局》，中华书局2018年版。
② 戴尔与柯理的雕铸活动详见张秀民：《中国印刷史》，浙江古籍出版社2006年版。

模，为了减少字模数量，"拼合活字"是个不错的方法。"拼合活字"其实还是属于雕铸，但做了改进。中文由偏旁与部首组成，如果将各偏旁与部首分开铸造，然后再根据汉字拼接组合，会大大减少需要的字模数量。首先开始这种尝试的是法国巴黎活字制造专家勒格朗（Marcellin Legrand）。约1834年，他在汉学家曳铁（M. Pauthier）的建议与指导下分开铸造汉字的偏旁部首，之后再组合成完整汉字，这种活字就是"拼合字"。随后，"拼合字"陆续传入澳门、宁波等地教会的印刷所，用来印刷宗教读物。1847年，在美国长老会的定制与催促下，德国人贝耶豪斯（A. Beyerhaus）在柏林按照勒格朗的方法也研制了"拼合活字"，被称为"柏林字"，之后传入宁波、上海等地。① 不过拼合字有一个很大的缺点，就是很难顾及偏旁与部首的比例大小与笔画匀称，许多拼合而成的字并不太自然美观。

（3）电镀造字。制作中文字范和字模相当耗时，难度也很大。受美国长老会派遣来华的姜别利（W. Gamble）于1860年开始用电镀造字法铸造活字，成功解决了雕字范、冲字模这两道工序的难题。这种方法是用纹理细密的黄杨木刻阳文字，再电镀制成紫铜阴文，嵌入条状黄铜中便形成阴文字模。电镀造字使刻字和制模容易了很多，成本也极低，同时还能缩小活字尺寸，字形更美观。姜别利的活字由美华书馆在上海出售，也称"美华字"。之前雕刻或者雕铸活字都需要手工刻字，费时又费钱，电镀法可以说是铅活字铸造史上的一次革命。

3. 研制中文活字总结

在教会的资助与传教士的钻研下，这一时期研制铸造活字取得不菲的成果，这些活字字模铸造出来的活字后来大都有在中国境内出售与应用，为中国使用与推广西式活字印刷技术奠定了基础。主要成果具体如表2-2

---

① 拼合字的研制与应用详见张秀民：《中国印刷史》，浙江古籍出版社2006年版。

所示。

表 2-2　研制中文活字重要成果一览

开始时间	完成时间	地点	名称	创制者	类别	备注
1814 年	约 1822 年	澳门	—	马礼逊/汤姆斯	雕刻	在中国最早的尝试
1833 年	1851 年	马六甲/香港	戴尔活字	戴尔/柯理	雕铸	也称"槟榔屿字体"
1838 年	1851 年	香港	柯理活字	戴尔/柯理	雕铸	也称"香港字""戴尔小活字"
1834 年	1852 年	巴黎	勒格朗活字	勒格朗	雕铸，拼合字	也称"巴黎活字"
1847 年	1859 年	柏林	贝耶豪斯活字	贝耶豪斯	雕铸，拼合字	也称"柏林活字"
1860 年	1865 年	上海	姜别利活字	姜别利	电镀铸字	也称"上海活字""美华字"
1865 年	1866 年	上海	姜别利小活字	姜别利	电镀铸字	也称"上海小活字"

资料来源：张秀民：《中国印刷史》，浙江古籍出版社 2006 年版；孙启军：《六种还是七种？——姜别利创制中文铅活字略论》，《中国出版史研究》2018 年第 1 期。

（二）西式活字印刷技术的进步与发展

虽然西式的铅活字印刷引入比较早，但是普及的速度不如石印。19 世纪 80 年代，中国石印业进入工业化生产的阶段，铅活字印刷远不及石印兴盛，采用铅印的印刷出版商少之又少。19 世纪末，中国境内主要的铅印书局多为外商与教会所办，比如美国长老会的美华书馆、英国商人办的《申报》馆、日本人创办的修文书局与乐善堂。[①] 中国自己成立的铅印书局则多为官方所办，比如官立江南制造局，设有印书处。不过官方的铅印书局

---

① 张秀民：《中国印刷史》，浙江古籍出版社 2006 年版。

多为官方所用，对外推广较少。①中国商人办的几家重要的铅印书局成立时间比较晚，如商务印书馆、文明书局等印刷出版机构大多是建于 1900 年左右。②

19 世纪末，中国境内的西式活字印刷在技术上取得了很大的突破。一个重要的技术进步就是铅印的复制版技术更加成熟。印版是铅印技术的重要部分，自从有了印版后，铅活字不再直接置于印刷机下印刷，而是使用印版。制版印刷的过程大致如下：

（1）将铅活字检字排版；

（2）在排好版的活字上制作印版；

（3）将印版放到印刷机上去印刷。③

采用这种方式制作的印版相当于雕版印刷的一块刻版，可以保存，解决了铅活字拆版后原版不复存在的问题。最重要的是一副排好版的活字可以做多个印版。如果是多台印刷机同时印同样的内容，就可以使用同一副活字做出多个印版来，大幅度提高了印刷效率。

相比之前的泥版（一种石膏制成的复制版），"纸型"又进一步提高了复制印版的效率。1890 年日本投资的修文书局首先采用了"纸型"浇铸印版，随后在中国推广。纸型可以浇铸出圆弧形的印版，供效率更高的转轮圆压圆式印刷机使用，而之前用的泥版只能浇铸平面。同时，一副纸型可以重复使用，能浇铸多副印版，而一副泥版只能浇铸一次。在运输与保存方面，纸型也比泥型有优势。④ 纸型印版的使用对活字印刷的推广意义重大。

1905 年之后，石印技术突然衰落，以西式活字印刷为主的综合性印刷

①② 张秀民：《中国印刷史》，浙江古籍出版社 2006 年版。

③ 汪家熔：《从"纸型"谈开去——印刷诸题散谈》，《中国出版史研究》2015 年第 2 期。

④ 许静波：《制版效率与近代上海印刷业铅石之争》，《社会科学》2010 年第 12 期。

出版公司迅速发展起来，西式活字印刷随之成为了中国印刷技术的主流。新技术与新设备的引入与改良越来越迅速，推广也越来越快。

二、石印技术的特点与发展

（一）石印技术的发明与工艺流程

石印术（Lithography）是西方继谷腾堡的活字印刷术之后又一项重大的印刷技术。它的创始人是塞尼菲尔德（Alois Senefelder），其爱作歌曲，但无力付印其所作曲谱，便试图用石版印刷，经过多次尝试，于1796年试验成功。[1]

石版印刷实验成功之后，德国出版商约翰·安德尔对塞尼菲尔德的新发明产生了浓厚兴趣，在奥芬巴赫采用塞尼菲尔德的石印技术进行印刷。不久，其弟菲利普·安德尔在伦敦也开了一家印刷所，并于1800年邀请塞尼菲尔德来伦敦工作了一年，开始了英国的石版印刷。1801年，约翰的另一个弟弟弗莱德里克·安德尔从法国政府取得专利，开始在法国开展石版印刷业。在安德尔兄弟的努力下，石印术从德国迅速推广到了欧洲各地。[2]

石印术主要利用了水油不相容的原理，即印刷时利用油性的图像或者文字结合，与吸收了水分的其他部分排斥，从而实现图文复制。基本制作程序如下：

（1）备好石版并磨平。所用石版为一种细粒度极高的同质石灰石，这种石灰石能与弱酸产生化学反应。

（2）用特制油性墨笔在石版上书写或绘图，再用弱酸涂覆石版腐蚀其空白部分，产生一层亲水的氧化钙。

---

① 贺圣鼎：《三十五年来中国之印刷术》，载张静庐辑注《中国近代出版史料初编》，中华书局1957年版。

② 张奠宇：《西方版画史》，中国美术学院出版社2000年版。

（3）在石版上面刷一层清水，使空白部分的氧化钙充分吸收水分。

（4）用辊子在石版上涂上印刷用的墨。此时，第二步时用油性墨笔绘写过的地方吸附墨，而吸收水分的空白部分与墨排除。

（5）将纸压在石版上，油墨形成的图像转印到纸上，印刷完成。[①]

由此可见，这项技术用于复制图书十分方便，比雕版印刷更加快捷。其最初需要直接在石版上书写、绘画，这要求所做图文是反向的，后来又发明了用脱墨纸正向书写，再加压在石版上的方法。这种方法的详细介绍见傅兰雅1877年刊登于《格致汇编》上的《石板印图法》一文，[②] 该文也是现存清末详细记载石印方法的文章。[③] 到19世纪末期，人们已很少将石版作为制版材料，而是用锌、铝等金属代替，由于都是利用油水相斥的原理进行平版印刷，所以业内人士认为用金属代替石版的印刷仍属于"石印"。

上述手工制版在绘制图文时还有诸多不便的地方，于是另外一种效率更高的制版方法于1859年应运而生，即照相石印。照相石印的原理与手工制版石印是一样的，只是工艺略有不同，"其法以照相摄制阴文湿片，落样于特制胶纸，转写于石版"[④]。1892年，《格致汇编》也刊登《石印新法》一文对照相石印做了全面介绍。[⑤] 这说明照相石印是当时很重要的一项技术，19世纪末被广泛应用于复制图书。

（二）石印技术的特点与优势

由石印技术工艺流程可知，石印在复制书籍与图画方面有很大的优势。其在成本与收益方面还有个很大的特点，即石印的初始投入高，"初

---

① 印刷流程参考谢欣、程美宝：《画外有音：近代中国石印技术的本土化（1876—1945）》，《近代史研究》2018年第4期。

② ［英］傅兰雅：《石板印图法》，《格致汇编》1877年冬第二卷。

③ 张秀民：《中国印刷史》，浙江古籍出版社2006年版。

④ 贺圣鼎：《三十五年来中国之印刷术》，载张静庐辑注《中国近代出版史料初编》，中华书局1957年版。

⑤ ［英］傅兰雅：《石印新法》，《格致汇编》1892年秋第七卷，第28-29页。

次投资比雕版大"①，但如果采用大规模工业化生产，边际成本便很低廉，生产效率也很高，"书成之后，较之木刻，不啻三倍之利焉，而且不疾而速，化行若神"②。

点石斋曾在其广告中对石印的成本做过估算：

今本斋另外新购一石印机器，可以代印各种书籍，价较从前加廉，今议定代印书籍等。以二百本为率，以每块石印连史纸半张起算，除重写抄写费不在其内，每百字洋二分半，每半张连史纸仅需洋一分，比如连史纸半张分四页，书内六十页，共石板十五块，印书二百本，共连史纸三千个半张，以每张一分计，共洋三十元，如书内共三万字，除抄写价外计洋七元五角，共书二百本，不连订工，只须洋三十七元五角。倘自己刻，木板其费约四十五元，刷印及纸料尚不在内也，两相比较，实甚便宜，况石印之书比木板更觉可观乎，又如书页欲缩小加大亦照半张连史纸核算，此布。点石斋告白或问申报馆亦可。③

点石斋经过周密的核算，发现一本三万字的书，不算装订，石印二百本只需三十七元五角。这样的话，一本六十页的书石印成本不到两毛，即便加上装订成本，估计也不太高。此外，书页还能缩小或放大，十分方便。

由此可知，在复制书籍与图画方面，石印技术相比雕版印刷有很大的优势。不仅边际成本更低，而且使用更加方便，印刷效果也更好。

（三）石印业在中国传播的概况

包括石印术在内的西式印刷技术传入中国与当时传教士的传教活动紧密相关。最早记述中国境内使用石印术的是美国首位来华传教士裨治文

---

① 张秀民：《中国印刷史》，浙江古籍出版社 2006 年版，第 468 页。
② 《同文书局小启》，《申报》1883 年 6 月 26 日第 5 版。
③ 《价廉石印家谱杂作等》，《申报》1880 年 12 月 17 日第 5 版。

（E. C. Bridgman）创办的杂志《中国文库》。据《中国文库》的记载，英国伦敦会传教士麦都思（W. H. Medhurst）1830～1831 年便在巴塔维亚（今印度尼西亚雅加达）石印中文图书，随后在澳门和广州都设立石印所。① 此时的印刷品也主要是教会读物，供传教所用。鸦片战争之后，教会的印刷所开始进入当时的主要开放口岸上海，麦都思便是第一位将石印术传到上海的西方人，1846 年便在其主持的墨海书馆使用石印术。② 之后，上海的石印业有所发展，一些印刷机构添置了石印机，一些教会学校在其印刷课程中也增添了石印内容，培养了一批石印人才。③ 但此时的石印业发展极为缓慢，以印刷宗教读物为主。

石印有灵活、快捷、廉价、效果好等诸多优点，但其市场潜力却一直被忽视。1870 年之后，情况发生了变化。石印术的巨大商机被沪上商人发掘，一些印刷出版商开始大量购进石印机器，设立印刷厂，石版印刷业进入空前繁荣的阶段。"到 19 世纪 90 年代，石印在很大程度上代替了传统的雕版印刷，成为当时颇为风行的印刷方法。"④

《申报》老板英国商人安纳斯·美查（Ernest Major）便是这批印刷出版商的先驱，1879 年美查在上海创办了点石斋石印书局，是上海最早的商业石印书局。⑤ 点石斋石印书局早期印有各种举业用书与工具书，大众读物如小说、戏曲等也大量石印出售，石印从此惠及普通群众，而不仅仅是少数基督教徒。1884 年开始刊印出版的《点石斋画报》更是意义重大，对晚清的印刷、出版以及绘画都产生了很大影响。

在点石斋石印书局的示范与带动下，石印书局纷纷设立。这些石印书

①　张秀民：《中国印刷史》，浙江古籍出版社 2006 年版。

②④　韩琦：《晚清西方印刷术在中国的早期传播——以石印术的传入为例》，载韩琦、［意］米盖拉《中国和欧洲：印刷史与书籍史》，商务印书馆 2008 年版。

③　苏新平：《版画技法（下）》，北京大学出版社 2008 年版。

⑤　贺圣鼎：《三十五年来中国之印刷术》，载张静庐辑注《中国近代出版史料初编》，中华书局 1957 年版。

局大都设立在上海，上海也在这个时候成为全国印刷出版业的中心。就石印内容而言，石印书局的经营对象也是无所不有，除了举业用的儒家经典，经史子集、书画地图、报章杂志等都能付诸石印。此外，西学译著付印也在石印书局的经营范围内。一些石印书局将有关新学、时务的著作汇集成丛书出版，如《富强斋丛书》收书 210 种，汇集当时大部分西方科学译著。维新运动期间创办的学报也多采用石印，例如《时务报》《经世报》《格致新闻》等均为石印。[1]

进入 20 世纪之后，石印业衰落，其主流地位被西式活字印刷取代。大型的石印书局如同文书局、蜚英馆在 20 世纪之前便已关闭。中小型石印书局大多也已衰落，或者选择转型进入活字印刷领域，或者专注于小众的古籍复印市场谋取生存。此时也鲜有新的石印书局成立。不过，石印在之后很长一段时间内，仍然是印刷出版行业重要的技术。即便在民国时期，商务印书馆、中华书局、世界书局等主要印刷出版公司的印刷机构均设有石印部门，也继续使用石印技术印刷古籍书画等。

三、西式印刷设备的传入

传教士研制铸造了中文活字，用西式铸造的方法提高了活字的生产效率，也降低了成本。但是，用这种西式铸造方法生产出来的金属活字并不适用于中国传统的印刷方式。

根据前面介绍的雕版印刷工艺可知，中国传统的印刷是将墨汁涂在雕刻凸起的板面，然后将白纸平铺其上，再用刷子拭刷纸背。这种方法会对金属活字造成损害，刷子的摩擦会影响铅活字的使用寿命。与传统的"刷"墨制版不同，西式的印刷方法是"压"墨制版，西式的印刷机不会

---

① 张秀民：《中国印刷史》，浙江古籍出版社 2006 年版。

对金属活字造成损害。因此，西式活字印刷的推广普及除了需研制铅活字，还需要有配套的印刷设备才能使活字的使用效率更高。

以印刷版式为标准，西式的印刷技术大体分为凸版印刷、平版印刷与凹版印刷三类，每一种类的印刷技术又有各自的印刷机，即便是同一种印刷技术，也会有不同品种的印刷机。以凸版印刷机为例，根据其运作方式可以分为三种，平转印刷机、滚筒印刷机与轮转印刷机。为了印刷圣经，在 1860 年之前，传教士便将各种类型的平转印刷机与滚筒印刷机引入了中国。1847 年墨海书馆引入的滚筒印刷机给中国人带来了很大的震撼。

1843 年设立于上海的墨海书馆是中国境内较早拥有机械印刷设备的教会印刷所。1845 年，墨海书馆为了印刷修订的新约，其负责人麦都思（Walter Henry Medhurst）向伦敦会申请为墨海书馆购置一部滚筒印刷机，并雇用一名操作这部机器的印工来华。伦敦会收到申请后，便与英国圣公会一起承担经费，购买了滚筒印刷机和活字等，并雇用伟烈亚力（Alexander Wylie）于 1847 年来华。① 这台滚筒印刷机便是中国第一台非手工动力机械印刷机。当时的印刷机器没有机械动力，便借用牛力来拉。当时有学者记录了墨海书馆用牛作为滚筒印刷机动力的情况。例如，王韬在《瀛壖杂志》中说：

西人设有印书局数处，墨海，其最著者。以铁制印书车床，长一丈数尺，广三尺许，旁置有齿重轮二。一旁以二人司理印事，用牛旋转，推送出入。悬大空轴二，以皮条为之经，用以递纸，每转一过，则两面皆印，甚简而速，一日可印四万余纸。字用活板，以铅浇制。墨用明胶、煤油合搅煎成。印床两头有墨惜，以铁轴转之，运墨于平板，旁则联以数墨轴，楣间排列，又措平板之墨，运于字板，自无浓淡之异。墨匀则字迹清楚，

---

① LMS/BM, 5 January 1847, 转引自苏精《铸以代刻：十九世纪中文印刷变局》，中华书局 2018 年版。

乃非麻沙之本。印书车床，重约一牛之力。其所以用牛者，乃以代水火二气之用耳。①

郭嵩焘在1856年参观完墨海书馆后，也在其日记中写道：

刷书用牛车，范钟为轮，大小八九事。书板置车箱平处，而出入以机推动之。其车前外方小轮，则机之所从发也，以皮条套之，而屋后一柱转，于旁设机架，牛拽之以行，则皮条自转，小轮随之以动，以激转大轮。纸片随轮递转，则全版刷印无遗矣。皮条从墙隙中拽出，安车处不见牛也。西人举动，务为巧妙如此。②

滚筒印刷机印刷效率极高，一台滚筒印刷机一日能印一万多页，给当时的中国人带来了很大的震撼。后来，自动上墨机、蒸汽机车等先进技术与设备相继引入，西式机械印刷的优势也越来越明显，逐渐被中国人认可与接受。这也为19世纪70年代之后西式印刷在中国的广泛传播做了准备。

四、西式印刷技术与设备的传播路径

随着铅活字与印刷设备的不断改进与完善，活字印刷便捷、简易、成本低廉等优点日益凸显，逐渐为当时的中国人所认同与接受。随后，各种先进的西式印刷技术与印刷设备源源不断地传入中国。西式印刷方式与设备进入中国的时间以及采用者如表2-3和表2-4所示。

据表2-3可知，从各西式印刷技术在中国传播的时间来看，凸版印刷术尤其是铅活字印刷在中国发展与传播的时间最早，1814年便开始了研制与使用雕刻活字。以石印为主的平版印刷稍晚于凸版印刷的传入，1832年被引入中国。凹版印刷传入中国的时间最晚，要到1885年之后。从传播的区域与使用主体来看，在1860年之前，广州与宁波较早接触了新式的印刷

① 王韬：《瀛壖杂志》，上海古籍出版社1989年版。
② 郭嵩焘：《郭嵩焘日记（第一卷）》，湖南人民出版社1981年版。

技术，并且主要是通过传教士获得。1860 年之后，上海逐渐成为中国印刷出版业的中心，接触新技术的机会也明显多于其他地区，商业性的印刷出版机构成为了主要的接受渠道。其中，商务印书馆是活跃的新技术接受者与支持者，无论凸版印刷、平面印刷还是凹版印刷的技术都是中国较早的使用者。

表 2-3　1814～1931 年中国的西方印刷方式

印刷方式名称		第一次有记载的中文印刷时间	第一次有记载的使用者
凸版印刷	雕刻活字	1814 年	马六甲英国伦敦传道会的蔡高，澳门东印度公司的汤姆斯
	字模/活字	（1）1838 年	槟榔屿英国伦敦传道会的塞缪尔·戴尔
		（2）1845 年	宁波美华书馆的理查德·柯理
	泥版	1845 年	宁波美华书馆的理查德·柯理
	石膏版	约 19 世纪 60 年代	上海清心堂学校的范约翰
	电铸版	1860 年	宁波美华书馆的威廉·姜别利
	纸版纸型	约 1885～1895 年	修文印书局
	照相铜锌版	1900 年	上海土山湾印刷所
	黄杨版	1904 年	上海商务印书馆
	三色版	约 1908～1912 年	上海商务印书馆
平版印刷	石印	1832 年	广东英国伦敦传道会的屈亚昂
	珂罗版、玻璃版	约 1875～1885 年	上海土山湾印刷所
	照相石印	不迟于 1882 年	上海点石斋
	彩色石印	1904 年	上海文明书局
	马口铁	1918 年	上海商务印书馆
	橡皮版、胶版	1921 年	上海商务印书馆
	传真版	1931 年	上海商务印书馆
凹版印刷	雕刻铜版	约 1885～1895 年	上海江海关印务处
	影写版	1923 年	上海商务印书馆
	彩色影写版	1925 年	上海商务印书馆

　　资料来源：［美］芮哲非：《谷腾堡在上海：中国印刷资本业的发展（1876—1937）》，商务印书馆 2014 年版。

据表2-4可知，从设备的种类来看，在凸版印刷机中，平转印刷机引入最早，滚筒印刷机次之，1900年之后轮转印刷机开始传入。传入的印刷设备的生产效率越来越高。从区域与使用主体来看，西式印刷设备早期的传入地也是以广州为主，传教士是最早的使用者。1860年之后，上海是接受西式印刷设备的主要地区，商业性的印刷机构取代传教士成为主要的使用者，商务印书馆仍然是引入西方印刷设备的主力。此外，外资企业也是新设备很重要的引进者。

表2-4　1830~1925年在中国的西方印刷机

印刷机类型		印刷机名称	第一次有记载的中文印刷时间	在中国有记载的使用者
凸版印刷	平转印刷机	华盛顿	（1）1830~1831年	广州美部会
			（2）1861年	福州的美以美教会
		阿尔比恩	1833年	澳门和广州，不知名者
		哥伦比亚	1850~1856年	广州美部会
		自来墨华盛顿	1878~1879年	福州的美以美教会
	滚筒印刷机	不知名	1847年	上海英国伦敦传教会（墨海书馆）
		不知名	1862年	上海美华书馆
		夏尔意平台印刷机	1872年	上海《申报》
		双王滚筒印刷机	1895年	福州的美以美教会
		沃尔德尔印刷机	1906年	上海沪上书局
		沃尔特印刷机	1911年	上海商务印书馆
		米利印刷机	1919年	上海商务印书馆
	轮转印刷机	沃尔特印刷机	约1900年	上海沪上书局
		巴德印刷机	1914年	上海《新闻报》
		大阪朝日马里诺尼印刷机	1916年	上海《申报》
		艾尔拜托·海德堡印刷机	1922年	上海商务印书馆
		沃马格印刷机	1925年	上海《时报》

续表

印刷机类型	印刷机名称	第一次有记载的中文印刷时间	在中国有记载的使用者
石印机	密特雷尔星轮印刷机	（1）1832 年	广州英国伦敦传道会的屈亚昂
		（2）1850 年	宁波美华书馆
		（3）1876 年	上海土山湾印刷所
	铅版印刷机	1908 年	上海商务印书馆
	四色铅版印刷机	约 1912 年	上海英美烟草公司
	哈里斯胶印机	1915 年	上海商务印书馆
	乔治曼双色胶印机	1922 年	上海商务印书馆

注：笔者根据苏精所用传教士档案资料对墨海书馆最早拥有滚筒印刷机的时间做了修订。

资料来源：［美］芮哲非：《谷腾堡在上海：中国印刷资本业的发展（1876—1937）》，商务印书馆 2014 年版。

第三章

中国的图书市场与印刷技术变迁

通过上一章对中国印刷技术变迁的介绍可知，在中国传统的印刷领域，雕版印刷一直处于主流地位，主要由于活字印刷没有得到普及与推广。直到乾隆中期，木活字印刷才在族谱的印制领域成为主要的印刷方式。以往研究认为活字印刷的巨大成本以及活字印刷技术自身的缺陷是活字印刷难以普及的重要原因，本章从资本的视角，结合两种印刷技术的特点对此加以研究，并对木活字印刷在族谱印制中扩散的原因加以解答，同时对太平天国运动对上海石印业发展产生的影响以及晚清西式活字印刷技术的普及展开研究，进一步阐释技术变迁的深层次原因。

第一节
相关界定与理论

本章对印刷技术扩散的考察涉及对几种印刷技术对资本与劳动的依赖程度的分析，现对此加以讨论与界定。在发展经济学的研究中，经济学家通常会把技术区分为资本密集型与劳动密集型，劳动密集型技术的特点是对劳动的占用比较高，而资本密集型技术的特点便是资本劳动比率较高，即对资本的占用较高，同时能节约劳动。[①]

根据钱德勒（Alfred D. Chandler）的研究，印刷出版业是一个劳动比较密集的行业。[②] 但是，即便是同在印刷领域，不同的印刷技术对劳动与资本的需求也是存在较大差异的。据上一章对各印刷技术发展情况的介绍可知，雕版印刷最主要的工序是雇用刻工制作刻版，自从明末"匠体字"普遍用于印刷制版之后，雕版印刷的门槛进一步降低，不识字的工人也能从事雕版印刷，是一种很典型的劳动密集型技术。而传统的活字印刷不但初始成本远高于雕版印刷，并且需要有文化的印刷工人，不单纯是依赖简单的劳动。因此，有研究者把中国传统的活字印刷作为一种资本密集型的技术来看待。例如，范赞登（Jan Luiten van Zanden）在研究资源禀赋对技术扩散的作用时，就把中国的雕版印刷作为一种劳动密集型技术，活字印

---

① ［美］斯图亚特·林恩：《发展经济学》，格致出版社 2009 年版。
② ［美］小艾尔弗雷德·钱德勒：《规模与范围：工业资本主义的原动力》，华夏出版社 2006 年版。

刷作为一种资本密集型技术来考察。[①]

通过上述分析可知，相对雕版印刷，传统木活字印刷对资本的要求更高。而在 20 世纪初得以普及的西式活字印刷技术对印刷设备的资金投入相比传统活字还要大，对资本的依赖程度更高，并且新式印刷设备主要使用机械动力，对劳动力的依赖程度较低。因此，基于资本的视角，传统活字印刷技术与西式活字印刷技术的采用与扩散可以看作是对资本密集型技术的投资。这里的资本密集型技术是个相对的概念，用来说明活字印刷技术对资本的要求相比其他印刷技术更高。

相比雕版印刷技术，活字印刷技术自身也具备资本密集型技术的一些特征，如固定成本较高、边际成本较低、回收成本的周期相对较长。从投资者对投资某项技术的意愿来看，符合这些特征的技术只有当需求足够大、收益能弥补前期的固定成本时，投资才是合意的。初始投入较大、对资本依赖程度较高的技术需要市场来支撑的观点也已经被经济学家所实证，例如 Gragnolati 等的研究。他们通过比较工业革命时期珍妮纺纱机在英国与法国的扩散，发现需求在技术扩散过程中起重要作用，只有当消费者的需求足够大，收益能够弥补前期投入的成本时，像珍妮纺纱机这种初始投入较大、对资本依赖程度更高的技术创新才能得到推广。[②] 本章将探讨这条理论对同样更依赖资本的活字印刷技术是否也适用。

印刷技术的市场需求主要来自图书的印制，因此，本章将对清代的图书市场加以考察，结合各印刷技术的特点，分析图书市场的需求在印刷技术扩散中所起的作用。本章第二节提到的清代科举、清代书院以及清代图书市场

① ［荷］扬·卢滕·范赞登：《通往工业革命的漫长道路：全球视野下的欧洲经济，1000—1800 年》，浙江大学出版社 2016 年版。

② Gragnolati U. M., Moschella D., Pugliese E., "The Spinning Jenny and the Guillotine: Technology Diffusion at the Time of Revolutions", *Cliometrica*, 2014, 8（1）：5-26.

特指科举废除之前的，清代最后十年的图书市场会在第四节加以介绍。

第二节
中国传统图书市场的特点与雕版印刷

一、清代科举考试的内容

科举制度是中国传统社会通过考试选拔各级官员的一种制度。[1] 其创立于隋，确立于唐，完备于宋，兴盛于明、清两代。科举取士是清代最重要的选官方式，清代的科举制度基本承袭于明代，实行乡、会、殿试三级考试（见表3-1）。各地童生经县、府、院试，合格者为生员，也称为秀才。生员参加各直省举行的乡试，录取者为举人。各省举人再到京师参加由礼部主持的会试，中试者为贡士。贡士再参加由皇帝主持的殿试，便成为进士。殿试不再淘汰，只定名次。科举制度在中国历史上不仅仅是一种选官制度，教育也与此紧密相关。精英教育是直接以科举考试为目标的，而针对孩童的大众教育也很大程度上是在为精英教育做准备。[2]

据表3-1可知，一个读书人从童试到殿试，即便过程十分顺利，也需要经历十余场考试。科举考试的内容以四书、五经为主：四书即《大学》《中庸》《论语》《孟子》；五经即《诗经》《尚书》《礼记》《周易》《春秋》。

---

[1] 科举除了文举，还有武举。文举一直是科举最主要的部分，本书讨论的也是文举，所以下文提及科举，如果没有特意强调，就是单指文举。

[2] 李伯重：《八股之外：明清江南的教育及其对经济的影响》，《清史研究》2004年第1期。

表 3-1　清代科举考试概况

	小考	乡试	会试	殿试
考试时间	寅、巳、申、亥	子、卯、午、酉 一般在八月举行	丑、辰、未、戌 二月举行	丑、辰、未、戌
考试内容	分县考、府考、院考 三级，考帖经、诗文、 赋、策、论	考三场，内容以 四书、五经为主， 考帖经	先考复试， 其余与乡试相同	考策问
主考机构	县考：知县 府考：知府 院考：学政	直省一级知府 主办，中央派 大员主持	礼部主办，由 尚书以上且年 高德重者任主考	皇帝主持，12 个 读卷大臣协助
考生资格	童生	秀才	举人	贡士
中举名衔	秀才	举人	贡士	一甲：状元、榜眼、探花； 二甲：传胪、赐进士出身； 三甲：赐进士出身

注：若遇朝廷寿诞、登基等大事或喜事，可额外开科，称为恩科。帖经考察应试者对经书的熟练程度，主考者将需要考试的经书任意翻开一页，只留一行，其余的都盖住，同时又用纸随意遮盖住这一行的三个字，让应试者说出或写出被遮盖住的文字。

资料来源：商衍鎏：《清代科举考试述录》，三联书店 1958 年版，第 123 页。

科举考试的具体内容比较复杂，但核心是四书、五经。例如，县考的场次一般为五场，每场考的内容也不太一样。第一场为正场，考四书文二篇，五言六韵诗一首。第二场为招覆，也称为初覆，考试内容为四书文一篇，《性理》论或《孝经》论一篇，并默写《圣谕广训》。第三场称再覆，考四书文或经文一篇，律赋一篇，五言八韵诗一首，并默写部分《圣谕广训》。第四、五场都称为连覆，考试内容的涵盖面较广，包括四书文、诗赋、经论、骈体文等。乡试与会试都是共考三场，考试内容也相同。清初政府规定，首场为四书二题，五经各四题，其中考生可以选择五经的任何一经，但需考前呈报。政府还规定，四书用《朱子集注》，《易》则根据程灏、程颐的《传》及朱熹的《朱子本义》，《春秋》根据胡安国的《传》，《礼记》则根据陈澔的《集说》等。第二场，论一道，判五道，并再用诏、浩、表中的一道。第三场，为经史时务策五道。康熙二年（1663年），乡试废除四书题，并将第三场策五道移至第一场，二场增论一篇。雍正元年（1723年），对考试内容再次进行调整，县考第二场废《性理》改用《孝经》。① 乾隆二十一年（1756年），又规定：

> 嗣后第一场试以书文三篇，第二场经文四篇，第三场策五道，其论、表、判概行删省，至会试则既已名列贤书，且将拔其尤者，备明朝廷制作之选。淹长尔雅，斯为通材。其第二场经文之外加试表一道，即以明春会试始，乡试以乾隆己卯科为始，著为例。②

由以上科举考试的内容可知，儒家经典在科举中占有十分重要的地位。乾隆曾有言：“国家以经义取士，将使士子沉潜于《四子》《五经》之书，含英咀华，发抒文采。”③ 除了熟悉经书，士子还要通晓程朱之学，朱熹的《四书集注》被确定为科举八股文的释义准绳。④ 由于四书文别有深意，得悟出其中门道才有机会通过科举考试，从而功成名就，所以对于一名普通士子来说，有合适的参考书对八股的程文加以解释是十分重要的。于是，考生对科举考试用书的揣摩、研习几乎贯穿科举制度的始终。这也是科举用书行销不衰的重要原因。⑤

二、清代书院的学习内容

书院始于唐代，原为私人的读书场所，多修建在山清水秀、环境清幽静谧的地方。宋代以后，书院的教育功能强化，逐渐被官方所接受，有的还由朝廷委派教官、提供经费等，演变为招生讲学的场所，发展为学校的

---

① 夏卫东：《清代科举制度的若干问题研究》，浙江大学博士学位论文，2006年。
② 昆冈等：《钦定大清会典事例》（光绪朝）卷三百三十一，中华书局1991年影印版。
③ 拖津等：《钦定大清会典事例》（嘉庆朝）卷二百六十六，《近代中国史料丛刊三编》，文海出版社1992年。
④ 龚延明、高明扬：《清代科举八股文的衡文标准》，《中国社会科学》2005年第4期。
⑤ 曹南屏：《坊肆、名家与士子：晚清出版市场上的科举畅销书》，《史林》2013年第5期。

一种形式。

清代书院的教育制度进一步提升了儒家经典的地位。由于清代官学提供教育的功能弱化，每年的生员额数很少，只为能够考取生员的少数人提供教育，且教育也越来越流于形式，所以书院便成了清代提供教育的重要场所。自雍正十一年（1733 年）开始，清政府正式介入书院的建设与管理，并下诏设立省会书院。乾隆元年（1736 年），乾隆皇帝发布了一道谕旨，肯定了书院的作用与地位。

书院之制，所以导进人才，广学校所不及。我世宗宪皇帝命设之省会，发帑金资膏火，恩意至渥也。古者，乡学之秀，始升于国。然其时诸侯之国皆有学。今府州县学并建，而无递升之法。国子监虽设于京师，而道里辽远，四方之士，不能胥会，则书院即古侯国之学也。①

随后，朝廷对书院的发展做了细致而具体的制度规划，各地府、州、县的书院也纷纷设立。除了省会书院受朝廷资助，其他府、州、县书院，由当地士绅资助，或地方官员拨款资助。乾隆十年（1745 年）的谕旨对书院的教学、考课的内容做了规定。

书院肄业士子，令院长择其资禀优异者，将经学、史学、治术诸书留心讲贯，以其余功兼及对偶、声律之学。其资质难强者，且令先工八股，穷究专经，然后徐及余经，以及史学治术、对偶声律。至每月课试，仍以八股为主，或论或策，或表或判，听酌量兼试，能兼长者酌赏，以示鼓励。②

其中，"每月课试，仍以八股为主"表明朝廷希望书院成为培养与提供科举人才的教育机构。之后，书院开始直接教授科举之学，将培养科举人才作为主要职能，并形成了比较完善的教授科举之学的制度。儒家典籍

①② 素尔纳等：《钦定学政全书》卷七十二《书院事例》，清乾隆三十九年武英殿刻本。

也成了书院的主要学习内容。

三、清代的图书市场

由于书院以及科举用书，四书、五经及其参考书，如《皇清经解》《五经丛解》《通鉴辑览》等成了清代图书市场的畅销书，"如《五经戛造》《五经丛解》《大题文府》《小题十万选》等类，当时非不风行，士子辄手一编"①。此外，与科举考试紧密相关的辞书类也大为畅销，例如《说文解字》《康熙字典》《事类统编》《骈字类编》《佩文韵府》《诗句题解韵编总汇》等。②除了作为科举的参考书，"四书""五经"以及《性理大全》《性理精义》《朱子大全》《四子书》《大学衍义》等书还是清政府所规定的儒生必读图书。③这无疑会进一步提高这一类书籍在图书市场受欢迎的程度。

除了四书、五经及其注释书，当时的几种启蒙读物也被认为是儒家"经典"。针对幼儿的蒙学一定程度上也是为科举做准备。中国识字的启蒙教材早在宋元时代便已大致定型，④ 这些教材主要是被简称为"三、百、千"的《三字经》《百家姓》《千字文》三种书，《千家诗》以及由明末程登吉编著、清代邹圣脉增补的《幼学琼林》也极为流行。这几种书是清代印刷出版较多的几种蒙学读物。⑤

在科举考试的推动下，儒家经典读物成为了传统中国图书市场的主流。有研究者指出，清代中前期，中国的图书市场是高度同质化的。向敏通过各地出版商的书籍名录发现，这些书商出版的书籍具有惊人的一致

---

① 张静庐：《中国近代出版史料二编》，中华书局 1957 年版。
②③ 孙文杰：《清代图书市场研究》，武汉大学博士学位论文，2010 年。
④ 李伯重：《八股之外：明清江南的教育及其对经济的影响》，《清史研究》2004 年第 1 期。李伯重在此处借鉴了张志公的观点。张志公认为"从宋到元，基本上完成了一套蒙学体系，产生了大批新的蒙书。这套体系和教材，成为此后蒙学的基础"。
⑤ 孙文杰：《清代畅销书种种》，《编辑之友》2009 年第 4 期。

性。其中，教育类书籍是清代中前期图书市场流行的书籍，"场屋之书如四书五经，启蒙读本如《三字经》《百家姓》《千字文》《弟子规》《幼学琼林》之类"①占据了出版图书很大一部分。另外还有两种比较流行的书籍，分别是实用性手册与通俗小说、戏曲之类的消遣性文学读物，也大都属于可重复印刷的读物。

四、儒家经典与雕版印刷

雕版印刷早期在中国的推广与儒家经典有莫大关系。据辛德勇的研究，雕版印刷早期主要应用在宗教领域，唐代之后才在世俗社会逐渐扩散，科举考试与儒家经典在其中起了至关重要的作用。"由字书、韵书等基础教育用小学书籍，到科举试赋的范本，再到儒家经书，是一条相互连贯的递进序列"，推动着雕版印刷在世俗社会全面的传播扩散，而科举考试的功利需求是当中最重要的驱动力。②即使雕版印刷在世俗社会普及之后，儒家经典仍持续地支持与推动着雕版印刷的发展。

雕版印刷的一个特点是，刻版印好之后便可以重复多次印刷。印完一批书后把刻版储藏好，过段时间又能继续印刷同一本书。对于需要大批量印刷且时效性不高的书籍，雕版印刷有很大的成本优势。作为科举考试主要的参考资料，儒家经典的"四书""五经"及其解读与注释内容长年不变，而且需求旺盛、市场稳定，非常适合使用雕版印刷。在清代，雕版印刷已经发展成为劳动密集型的印刷技术，工艺成熟，且印刷成本很低。印刷出版商投资雕版印刷用于刻制儒家经典，不但成本低，而且市场风险也很小。在此背景下，雕版印刷便是印制儒家经典理性的选择。

相关史实也验证了这一点。以儒家经典为主的举业印书是清代书坊主

---

①　向敏：《清代中前期图书市场探析》，《出版科学》2011 年第 6 期。

②　辛德勇：《唐人模勒元白诗非雕版印刷说》，《历史研究》2007 年第 6 期。

要的产品。福建四堡是清代雕版印刷业的中心之一，18 世纪和 19 世纪是其印刷业兴盛的顶峰时期。这一时期，科举应试书籍一直是其出版的大宗，包括四书、《四书集注》、五经、各类课艺书、时文指南、童蒙读物等"经生应用典籍以及课艺应试之文"①。上文有提到，通过清代中前期出版商的书籍名录能发现这些书商出版的书籍多为四书五经等儒家经典。在清代中前期，书坊印书仍以雕版印刷为主。可见，儒家经典与雕版印刷紧密关联。

此外，西式印刷中的石印虽然晚于铅活字传入中国，但更早得到普及。这也与当时中国图书市场以举业用书为主，以及石印技术本身方便复制典籍的特点有关。

第三节

族谱的撰修与木活字印刷

在中国传统社会的书籍印制中，族谱印制是传统木活字印刷成为主流印刷方式的领域。对木活字印刷为何能成为族谱印制主要方式的回答，有助于加深对中国印刷技术变迁的认识，也能为研究初始投入较大的技术扩散提供新的素材。需要说明的是，族谱是一种比较特殊的书籍，并不进入图书市场流通。不过，本章的研究侧重于图书的印制市场，从这个角度来看，把族谱当作一种图书来看待也是合理的。

---

① ［美］包筠雅：《文化贸易》，北京大学出版社 2015 年版。

一、清代族谱编撰与"谱师"群体的兴起

（一）清代宗族的发展与族谱撰修

族谱，又称家谱、家乘、宗谱等。族谱是一个家族的世系表谱，主要记载该家族的世系繁衍和重要人物事迹。撰修族谱的目的主要是"说世系、序长幼、辨亲疏、尊祖敬宗、睦族收族"①，因此编纂族谱是一个家族睦族、收族的重要手段。随着宗族的发展，从乾隆年间开始族谱数量的增长加快。

清代宗族的民间化特色更浓。先秦时期的宗族是君主贵族的组织，后来经历秦唐间的士族宗族制、宋元间的大官僚宗族制，到明清时期进入绅衿平民宗族时代。② 相比历史上的任何时期，清代有更多的民众参与到宗族活动中来。③ 这与清政府的倡导有关，其为了维持统治，鼓励士绅成立宗族，并加强了对宗族的控制。康熙帝于康熙九年（1670 年）十月向全国颁布了《上谕十六条》，内容如下：

敦孝弟以重人伦；笃宗族以昭雍睦；

和乡党以息争讼；重农桑以足衣食；

尚节俭以惜财用；隆学校以端士习；

黜异端以崇正学；讲法律以儆愚顽；

明礼让以厚风俗；务本业以定民志；

训子弟以禁非学；息诬告以全善良；

诚匿逃以免株连；完钱粮以省催科；

联保甲以弭盗贼；解仇忿以重身命。④

---

① 陈瑞：《明代徽州家谱的编修及其内容与体例的发展》，《安徽史学》2000 年第 4 期。

② 冯尔康等：《中国宗族史》，上海人民出版社 2009 年版。

③ 冯尔康：《18 世纪以来中国家族的现代转向》，上海人民出版社 2005 年版。

④ 张瑞泉：《略论清代的乡村教化》，《史学集刊》1994 年第 3 期。

其中，第二条便是鼓励民众参与宗族活动。

雍正帝在雍正二年（1724 年）颁布的《圣谕广训》对"笃宗族以昭雍睦"做了阐释，他说"凡属一家一姓，当念乃祖乃宗，宁厚毋薄，宁亲毋疏，长幼必以序相洽，尊卑必以分相联。喜则相庆以结其绸缪，戚则相怜以通其缓急。立家庙以荐蒸尝，设家塾以课子弟，置义田以赡贫乏，修族谱以联疏远"①。雍正帝认为立家庙、设家塾、置义田、修族谱这四者是宗族活动的重要部分，强调了修族谱的重要性。可见，清代修谱频繁与政府鼓励有很大的关系，有族谱记载"今圣天子圣治日隆……仍令海内得姓受氏者三十年一修谱峡"②。

到乾隆时期，经济的发展为修谱提供了物质条件。据清代《怀宁县志》记载："国初经明之乱，各族人丁屈指可数，承平既久，户口溢滋。乾隆中叶，始有葺祠堂，修谱牒者，然不过一二望族。近则比户皆知惇叙，岁以清明、冬至子姓群集宗祠……其地方当举之务，各族皆以公堂互相伙助，急公慕义，无有难色。"③ 由此可知，虽然在乾隆朝之前，政府便鼓励发展宗族，但当时人丁稀少，经济不景气，宗族发展也衰微。之后，随着人口增多，经济恢复，宗族才开始发展起来。撰修族谱的开销不低，没有一定的经济基础难以开展修谱活动。

编纂族谱除极少数是个人独立完成外，大部分是采取集体参与的形式。宗族一旦决定撰修族谱，通常会设立专门的机构来负责族谱的编纂、修谱经费的筹措与征收等工作，这机构一般被称作"谱局"。④ 谱局将族谱

①　冯尔康：《18 世纪以来中国家族的现代转向》，上海人民出版社 2005 年版。

②　道光《匡氏续修族谱》卷首，转引自冯尔康等《中国宗族史》，上海人民出版社 2009 年版。

③　道光《怀宁县志》卷九《风俗》，转引自冯尔康《18 世纪以来中国家族的现代转向》，上海人民出版社 2005 年版。

④　刘永华：《祭谱与游谱：有关闽西客家族谱的相关仪式的笔记》，载郑振满编《族谱研究》，社会科学文献出版社 2013 年版。

编纂完成后再付诸印刷，族谱的印制采用雕版印刷或者活字印刷的方式，也有的是直接手写不再付印。据留存下来的族谱看，清代族谱以木活字本为主。

关于族谱以木活字为主的原因，以往的研究主要是从活字适用性的角度来分析。因为活字印刷的一个特点是虽然固定成本高，但边际成本比较低，活字做好以后便能快速生产多种多样的印刷品。族谱通常需要印刷的数量比较少，数十本即可，很适合活字印刷。汪家熔认为，"家谱在编印后按房份编号派发，绝不许流出族外。由于要多少份复本是完全清楚的，又绝不发生再印，所以适宜用活字印刷"①。张秀民甚至认为，是活字印刷促进了家谱的盛行，而家谱多用木活字印主要是因为"一般家谱印数不多，而且再印的可能性不大，三十年一修，还得重新排版"②。

（二）谱师群体的发展及其印谱工作

清代，江苏、浙江等地还出现了专门从事印谱的工人，俗称"谱匠"或"谱师"。他们肩担木活字，行走于乡镇村落，揽接生意印制族谱。谱师一般由五至八人组成一班，分图像、排字、刷印打杂，分工合作。工作时间则视家族的大小、谱中内容的多少而定，少则一两月，多则半年。这种专业谱师的数量在当时还不少，例如在浙江绍兴府，人们往往聚族而居，几乎每村有祠堂，每族修有族谱，这一带的谱师群体因此也十分兴旺，仅嵊县的谱师在清末就多达一百余人。③这种专业印制族谱的业务实用且价格低廉，在民间很受欢迎，被大多数宗族所接纳。④

谱师的活字与印刷其他书籍的活字并不完全一样。以浙江嵊县的谱师为例，谱师字担里的木活字，一般只有两万多字，分大、小两号，为梨木

---

① 汪家熔：《商务印书馆史及其他——汪家熔出版史研究文集》，中国书籍出版社 1998 年版。

②③ 张秀民：《中国印刷史》，浙江古籍出版社 2006 年版。

④ 陈建华：《中国族谱地区存量与成因》，《安徽史学》2009 年第 1 期。

雕成的宋体字，若遇到缺字则临时补刻。①如果是印制其他书籍，两万多字是不够的。

活字刻好备齐之后，检字排版便是活字印刷中最重要的一环。为了提高检字效率，谱师对字盘以及活字的排放都做了改进。张秀民在《中国印刷史》一书中提到，嵊县谱师把字盘分为常用字盘与生僻字盘两类，常用字盘里放置印制族谱时常用的字，如皇帝年号，天干地支，年月日时，一、二、三、四等数字，以及之、乎、者、也等虚字；生僻字盘则放置不太常用的字，生僻字较多，若排放不规律会给检字带来很大不便，于是谱师便按部首对活字进行排放，例如把所有带"君"字部首及字形与"君"字相近的字放在字盘的同一行，把所有带"王"字部首的又放在同一行。为了方便记忆，谱师将部首排放的顺序编成了口诀，背熟口诀之后，检字会非常快。嵊县黄箭坂谱匠的口诀②如下：

<blockquote>
君王立殿堂，朝辅尽纯良。

庶民娱律礼，平大净封疆。

折梅逢驿使，寄与陇头人。

江南无所有，聊赠数枝春。

疾风知劲草，世乱识忠臣。

士穷见节义，国破别坚贞。

基史登金阙，将帅拜丹墀。

日光先户牒，月色向屏帏。

山叠猿声哨，云飞鸟影斜。

林业威虎豹，旗灼走龙蛇。

秉众罗氛阙，以幸韬略精。
</blockquote>

①② 张秀民：《中国印刷史》，浙江古籍出版社 2006 年版。

> 欣尔甸周予，参事犒军兵。
>
> 养食几多厚，粤肃韦佳同。
>
> 非疑能暨畅，育配乃承丰。[1]

这口诀并非嵊县谱师独有，丽水、金华、常州等地的谱师也有这样的口诀，并延传至今。不同谱师的口诀可能略有差异，但基本相似。[2] 这口诀大大提高了谱师检字排版的效率。

因为需要检字排版，谱师有一定的文化水平，所以其待遇也比雕版印刷的工匠好一些。江浙等地的谱匠虽为专业，但一般在农忙时务农，农闲时才挑着字担去外村或者外县接揽生意，富有一定的流动性。他们的工资有按月计价，也有按量计价的。据张秀民记载，在清末，若按月付大约为每月银 10 元。若按量计，每页约为 2 元，也有按字盘计的，每盘约 92 文。有的宗族会给谱师供应饭食，也有的则需要自起炉灶。新谱完成后，谱师还通常会有花红或赏钱，祠堂祭谱时，谱师也会被邀请去参加宴会和看戏。[3]

二、族谱数量与族谱版本分析

（一）《中国家谱数据库》简介及相关说明

上海图书馆编纂的《中国家谱总目》是迄今为止收录中国族谱最多、著录内容最为丰富的一部专题性联合目录。全书 1200 万字，共 10 册，收录了 608 个姓氏、52401 种族谱，能较完整地揭示现存中国家谱的基本情况。基于《中国家谱总目》一书，我们建立了《中国家谱数据库》，对族谱目录中的信息进行全面细致的挖掘，并使之数据化，族谱版本便是数据库中重要的一项。以下的分析都是基于此数据库展开。

---

①③　张秀民：《中国印刷史》，浙江古籍出版社 2006 年版。

②　蓝法勤：《清末民国浙江地区木活字谱牒研究》，南京艺术学院硕士学位论文，2017 年。

在我们的数据库中清代共 19432 种族谱，其中印刷方式未知或者其他版本的共 143 种，占比 0.74%，由于比例很低，不会对分析造成影响，因此我们对此忽略不计，只统计手写本、木活字本、刻本、铅印本、石印本。在统计各区域族谱版本的时候，有 727 种不能确定具体区域，也对此忽略不计。在统计 1600 年至 1909 年族谱种数的时候，约有 3000 种族谱只知道朝代或者年号，但不能确定具体的年份，不过所占比重不高，且多是 19 世纪 50 年代以后的，不会影响分析的结论，因此也忽略不计。

（二）木活字版本族谱的分布特点

1. 木活字版本族谱的时间分布特点

首先从时间上看中国族谱数量与族谱版本的变迁。通过表 3-2 可知，1600～1909 年中国现存族谱的数量逐年增加。虽然这与族谱离现在时间越近保存得越好有一定关系，但是经历社会动荡后，有理由相信 1800 年之前的族谱留存到现在的概率不会相差太大。即便如此，我们还是能发现，1740 年至 1809 年新修族谱的数量增长明显要快于之前。这时期无论是绝对数量，还是增长幅度都有较快增长。1730 年之前每十年加总的新修族谱都少于 100 种，1740～1749 年便有了 152 种新修族谱，1800～1809 年时，留存的新修族谱有 429 种。木活字本族谱的增长也呈类似的趋势，1730 年之后木活字本族谱超过了 50 种，此后持续增加。

表 3-2　1600～1909 年族谱版本的变迁　　　　　　　单位：种

年份	刻本	手写本	木活字本	石印本	铅印本	合计
1600～1609	22	8	2	0	0	32
1610～1619	20	1	4	0	0	25
1620～1629	20	11	3	0	0	34
1630～1639	14	12	4	0	0	30
1640～1649	16	5	1	0	0	22
1650～1659	10	7	0	0	0	17

续表

年份	刻本	手写本	木活字本	石印本	铅印本	合计
1660~1669	14	4	8	0	0	26
1670~1679	22	6	12	0	0	40
1680~1689	35	20	22	0	0	77
1690~1699	28	11	8	0	0	47
1700~1709	34	22	23	0	0	79
1710~1719	36	19	26	0	0	81
1720~1729	27	32	34	0	0	93
1730~1739	46	21	52	0	0	119
1740~1749	68	26	58	0	0	152
1750~1759	84	37	69	0	0	190
1760~1769	79	37	94	0	0	210
1770~1779	89	41	131	0	0	261
1780~1789	80	39	146	0	0	265
1790~1799	84	48	190	0	0	322
1800~1809	101	61	267	0	0	429
1810~1819	93	67	347	0	0	507
1820~1829	124	104	470	0	0	698
1830~1839	97	105	402	5	2	611
1840~1849	147	116	639	2	0	904
1850~1859	122	126	620	6	1	875
1860~1869	152	159	960	2	3	1276
1870~1879	238	189	1435	8	6	1876
1880~1889	239	189	1253	8	4	1693
1890~1899	292	235	1611	9	11	2158
1900~1909	298	349	1938	24	41	2650
合计	2731	2107	10829	64	68	15799

注：表中数量表示新修族谱的种数。

资料来源：《中国家谱数据库》，该数据库根据上海图书馆编、上海古籍出版社 2009 年出版的《中国家谱总目》录入整理。

下面从时间上通过各族谱版本的比例来看 1600~1909 年木活字本族谱

的变化趋势。由于石印本与铅印本的数量在这一时段并不多，累计分别只有 64 种和 68 种，所以在统计版本比例的时候也对此忽略不计，只考察手写本、刻本与木活字本三种族谱比例的变化。由图 3-1 可知，从 18 世纪 10 年代开始，木活字本族谱占比超过 30%，并呈上升趋势；从 18 世纪 60 年代开始，木活字本族谱的占比超过了刻本族谱，从此木活字印刷成为族谱印制的主流。

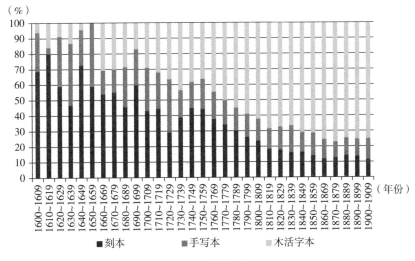

图 3-1　族谱版本的变迁

资料来源：《中国家谱数据库》，该数据库根据上海图书馆编、上海古籍出版社 2009 年出版的《中国家谱总目》录入整理。

对 1600~1909 年各十年的族谱总量与木活字本族谱占比做相关性检验，发现各十年的族谱数量与木活字本族谱的占比正相关，相关系数为 0.7484，在 1% 的水平下显著（见表 3-3）。

表 3-3　1600~1909 年各十年族谱数量与木活字本族谱占比的相关性检验结果

相关系数	p 值
0.7484	0.0000***

注：*** 代表 p<0.01，** 代表 p<0.05，* 代表 p<0.1。

2. 木活字本族谱区域分布的特点

以下从区域分布来看清代族谱与木活字本族谱占比的关系特点。据表3-4能够发现，清代族谱留存最多的是浙江，多达6669种，其次是湖南、江苏、安徽与江西，都超过了1000种。总的来看，留存族谱数量是华南多于华北，华东多于华西。这与中国宗族分布的特点相符，中国的宗族也是南方要多于北方。① 此外，我们还能发现，木活字本族谱占比的高低与该区域族谱数量有一定的相关性，在族谱数量多的地区，活字本族谱的占比也相对较高。浙江、湖南、江苏、江西等省木活字本族谱的占比都超过了60%。

表3-4　中国32个省市区清代族谱总量与版本统计

单位：种，%

区域	抄本	刻本	木活字本	石印本	铅印本	合计	木活字本占比
浙江	877	544	5214	17	17	6669	78.18
湖南	65	214	2970	6	5	3260	91.10
江苏	286	464	1676	5	11	2442	68.63
安徽	249	352	728	3	2	1334	54.57
江西	55	124	1100	10	2	1291	85.21
福建	505	133	180	5	1	824	21.84
广东	286	207	51	7	18	569	8.96
山东	159	226	36	10	5	436	8.26
四川	71	211	31	0	5	318	9.75
湖北	23	64	155	2	1	245	63.27
辽宁	213	24	4	2	0	243	1.65
上海	78	109	47	0	3	237	19.83
台湾	200	7	4	0	1	212	1.89
河南	71	80	17	9	3	180	9.44
山西	44	63	9	1	0	117	7.69

---

① 冯尔康：《清代宗族制的特点》，《社会科学战线》1990年第3期。

续表

区域	抄本	刻本	木活字本	石印本	铅印本	合计	木活字本占比
河北	36	51	3	3	3	96	3.13
陕西	46	25	2	5	1	79	2.53
重庆	18	22	2	2	1	45	4.44
北京	25	14	1	0	0	40	2.50
甘肃	26	12	2	0	0	40	5.00
广西	10	17	3	0	2	32	9.38
云南	14	6	1	0	2	23	4.35
天津	9	7	1	0	3	20	5.00
贵州	5	13	0	1	1	20	0.00
香港	11	0	3	0	0	14	21.43
吉林	10	1	0	1	0	12	0.00
海南	1	8	0	0	0	9	0.00
内蒙古	3	2	0	0	0	5	0.00
黑龙江	2	2	0	0	0	5	0.00
青海	4	0	0	0	0	4	0.00
宁夏	2	0	0	0	0	2	0.00
澳门	0	0	0	0	1	1	0.00
合计	3404	3002	12240	89	89	18824	65.02

资料来源：《中国家谱数据库》，该数据库根据上海图书馆编、上海古籍出版社 2009 年出版的《中国家谱总目》录入整理。

对中国 32 个省市区族谱总量与木活字本族谱占比做相关性检验，检验结果也验证了上述论断，各省族谱数量与木活字本族谱占比正相关，相关系数为 0.7568，在 1% 的水平下显著（见表 3-5）。

表 3-5 中国 32 个省市区族谱数量与木活字本族谱占比的相关性检验结果

相关系数	p 值
0.7568	0.0000 ***

注：*** 代表 $p<0.01$，** 代表 $p<0.05$，* 代表 $p<0.1$。

3. 族谱分布特点总结

通过上述分析，能发现中国族谱在时间与空间分布上有两个重要特点：

（1）从时间分布来看，乾隆时期（1736~1795 年）族谱数量剧增，木活字本族谱占比也在这时期超过了刻本族谱占比。清朝前期，新修族谱较少，木活字本族谱占比也比较低，乾隆年间新修族谱增加迅速，木活字本族谱占比提高，木活字印刷逐渐成为族谱印制的主流。

（2）从区域分布来看，族谱分布很不平衡，木活字本族谱占比与各区域的族谱数量存在很强的相关性。中国现存族谱主要集中在浙江、江苏、江西、湖南等地，木活字本族谱占比在这些地方也较高。在华北与华西等地，族谱留存较少，木活字本族谱占比也很低。

三、印制族谱的市场需求与木活字印刷

通过上述对族谱数据的分析可以发现，木活字印刷的流行与族谱数量存在很强的相关性。但是，我们并不能就此认为是族谱数量增加使木活字印刷流行，也有可能是木活字印刷导致了族谱数量增加。由于数据的限制我们难以通过计量的方法识别它们的因果关系，只能利用史实与逻辑推导的方法对此加以论证。基于上述对乾隆年间族谱增加原因的讨论，以及中国宗族区域分布的特点，有两点能说明是族谱印制市场的需求直接推动了木活字印刷的发展，而不是阻止。理由如下：

（1）中国印制族谱有上千年的历史，活字印刷术在北宋也已经出现，但是清代以前很少有木活字本的族谱。直到清乾隆年间，活字印刷术才开始在族谱印制中流行起来。而清乾隆年间正是中国宗族发展最强的时候，此时宗族发展的主要原因是政府支持与经济发展，而不是印刷技术。可见，木活字印刷族谱是随着宗族的发展而普及的，是宗族发展对撰写族谱

的需求提升了木活字印刷在族谱印制中的地位。

（2）中国的宗族分布有很大的区域差异，南方宗族的发展普遍要好于北方，族谱数量的区域分布情况也反映了这种差异。普通的活字印刷并非只在宗族强的地区才有，虽然活字印刷未能在图书市场普及，但各地的官刻与私刻也有使用活字的，清初至乾隆年间活字版在南北各地都存在。[①]但是，木活字本族谱只在宗族发达、族谱数量众多的地区才占优势，而在宗族较弱、族谱数量少的地区，木活字本族谱占比很低，甚至没有。因此，活字印刷术促使族谱数量增加的观点并不可取。

综上，我们可以认为族谱印制市场的需求是木活字印刷盛行的原因。不过要注意的是，活字印刷边际成本低，效率也更高，对促进族谱的盛行肯定会有一定的作用，但不是原因。

此外，作为资本密集型技术的活字印刷，其巨大的初始投资还需要长期且持续的收益来保证相应的回报。清代族谱数十年一修的传统保证了族谱印制的市场需求是持续的，降低了投资的市场风险，从而有利于推动活字印刷的发展。

市场需求带动木活字印刷技术发展的理论依据是前面讨论过的，即初始投入较大的技术的推广，需要足够充分的市场来支撑，清代木活字本族谱的案例也为这条理论提供了新的佐证。

四、金融发展与族谱的木活字印刷

（一）金融业发展对木活字投资的影响

强劲的市场需求使谱师有意愿投入资本开展活字印刷族谱的事业，但还需要有投资的能力，木活字印刷作为一项初始投入较大的技术，需要有

---

① 张秀民：《中国印刷史》，浙江古籍出版社 2006 年版。

足够多的资本来支撑。在传统社会，借贷是筹集资金的重要方式，但借贷需要考虑借贷渠道和借贷成本，只有当金融市场比较发达的时候企业或者个人才有机会以比较低的成本获得资金。因此，我们推测木活字本族谱在乾隆年间得以普及也可能与当时的金融发展有一定关系。不过，我们暂时还没有找到谱师资金来源的材料，也没找到直接的证据来证明谱师是通过借贷获得了初始投资的资金。但我们可以通过清代金融业的发展状况，以及借贷撰修族谱的案例来说明存在这种可能。

清代乾隆年间金融业有了快速发展。燕红忠通过对清代当铺数量与当税的统计分析发现，"乾隆前期经济发展最好的时期，也是各省典当业发展最快的时期"[①]。账局与放账铺也在乾隆年间有所发展，金融借贷的现象比较普遍。刘秋根等的研究发现，至少从乾隆年间开始，账局已经比较普遍地运用合伙制的方式筹措资本，并且开始大规模地对商号、商人放贷，一家账局可能对三十家以上的商号放贷，放贷数额常到一千两以上，至少也有一百两。此外，资本规模较小，针对小商人、小手工业者的放账铺发展比较兴盛。[②] 因此，金融业的发展极有可能为"谱匠"获取资金投资木活字提供便利，从而推动木活字印刷技术在族谱印制中的普及。

另外，乾隆年间有过贷款修谱的记录。仍以清乾隆年间，安徽休宁苏氏编纂《新安苏氏族谱》为例。编纂者苏钰在族谱的卷五《剖晰出入总数》中记载道："通计所入之银二百七十三两六钱，所出之银三百七十七两五钱。所空用百两，皆予典贷所偿也。"[③] 宗族通过典贷银一百两来撰修族谱，一方面说明宗族修谱的需求很强，不惜借贷修谱，这是一个很有前

---

① 燕红忠：《中国的货币金融体系（1600~1949）》，中国人民大学出版社 2012 年版。

② 刘秋根、杨帆：《清代前期账局、放账铺研究——以五种账局、放账铺清单的解读为中心》，《安徽史学》2015 年第 1 期。

③ 《新安苏氏族谱》卷五《剖晰出入总数》，转引自卞利《明清至民国时期徽州族谱的纂修、刊印、避讳及其家国关系互动初探》，载郑振满编《族谱研究》，社会科学文献出版社 2013 年版。

景的市场，另一方面也说明了当时有较多借贷的渠道，如果谱师以活字作抵押，也是有机会贷款成功的。

不过，金融业的发展虽然能为投资活字印刷提供资金保障，但活字印刷当时没能在族谱之外的其他领域普及，说明活字印刷的发展与普及还主要是依赖于市场的支撑。

（二）金融业 GDP 与木活字本族谱占比

如上文所述，金融业在清代乾隆年间及之后有较快发展的观点被金融史学家所接受。但由于缺乏全面系统的数据，我们很难对此加以量化实证。近年，一些经济学研究者尝试对历史上的 GDP 数据进行估算，并取得了一些成果。因为历史数据不够完整，研究者对估算得出的 GDP 数据存在很大争议。受数据所限，本书仅利用估算所得的 GDP 数据与族谱数据做简单的统计检验，尝试着对金融业发展促进活字印刷在族谱印制中普及的观点加以佐证。

明清时期的金融业主要有典当业、钱庄、账局和票号，刘逖基于这几个行业的数据对金融业的 GDP 做了估计。将木活字本族谱占比与金融业GDP 发展的情况对比，发现金融业 GDP 是逐年攀升的，并且在 1740~1770年发展较快，增长率在 20% 以上，这也正是木活字本族谱发展较快的时期，之后金融业 GDP 与木活字本族谱的占比均在持续上升（见图 3-2）。

将金融业 GDP 与木活字本族谱占比做相关性检验，发现金融业 GDP与木活字本族谱占比高度正相关，相关系数为 0.9098，在 1% 的水平下显著（见表 3-6）。

表 3-6　木活字本族谱占比与金融业 GDP 相关性检验结果

相关系数	p 值
0.9098	0.0000 ***

注：*** 代表 p<0.01，** 代表 p<0.05，* 代表 p<0.1。

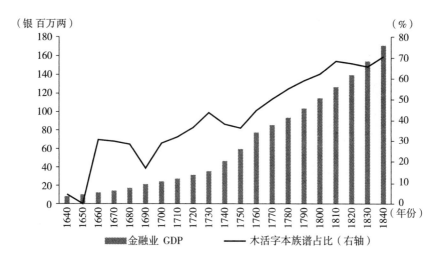

图 3-2　木活字本族谱占比与金融业 GDP

注：金融业 GDP 对应的年份是具体的某一年，木活字占比对应的年份相当于 10 年，即 1640 年表示的是 1640~1649 年这十年。

资料来源：木活字本族谱占比根据《中国家谱数据库》中的"族谱版本"项算得，该数据库根据上海图书馆编、上海古籍出版社 2009 年出版的《中国家谱总目》录入整理。金融业 GDP 的数据参考刘逖：《1600—1840 年中国国内生产总值的估算》，《经济研究》2009 年第 10 期。

　　需要再次指出的是，受限于数据，此处的论证还不够严谨。希望后续研究能得到更可靠、更丰富的数据，进一步实证检验金融业 GDP 与木活字印刷在族谱印制中普及的因果关系。

第四节
太平天国运动后的文化重建与石印业发展

　　19 世纪 80 年代之后，上海成为中国石印业发展较为繁荣的地方，"光绪年间，上海一地的石印书局不下八十家"①，而在太平天国运动（1851年）之前，上海的出版印刷规模很小，远落后于周边的苏州、常州等地。上海石印业的发展与太平天国运动有莫大的关系。

一、太平天国运动对传统典籍的毁坏

太平天国运动对中国文化典籍造成了难以估量的摧残。战乱的毁坏是一方面，其实行的文化政策对典籍的破坏更大。太平天国运动利用西方宗教号召农民起义，创立了"拜上帝教"。太平天国对以"儒教"为核心的传统典籍一直持排斥态度。1853年，太平军攻克南京，改名为天京，建立了农民革命政权。借助政权的强制力量，太平天国宣布："当今真道书者三，无他，《旧遗诏圣书》、《新遗诏圣书》、《真天命诏书》也。凡一切孔孟诸子百家妖书邪说者，尽行焚除，皆不准买卖藏读也，否则问罪也"②，在其辖区内对古代典籍进行了大肆焚毁和破坏，大量经典古籍与书版被焚毁。

作为清军与太平军交战的主要地区，江南各省的藏书也几乎毁失殆尽，而这些地区正是中国印刷出版的胜地。

太平天国之乱，江浙两省，如苏、松、常、镇、扬、杭、嘉、湖、宁、绍等旧府属，先后沦陷。所有东南藏书，如常熟毛汲古阁、鄞县范氏天一阁、昆山徐氏传是楼、桐乡鲍氏知不足斋、阳湖孙氏平津馆、海宁吴氏拜经楼，多有散失，尤以天一阁为甚。③

太平天国运动使原来的文化中心与出版印刷中心——江南地区遭严重毁坏，印刷出版业与藏书业受空前破坏，但这也为上海石印业的发展创造

① 张秀民：《中国印刷史》，浙江古籍出版社 2006 年版。
② 《诏书盖玺颁行论》，载中国史学会主编《太平天国（一）》，神州国光社 1952 年版。
③ 祝文白：《两千年来中国图书之厄运》，《东方杂志》1945 年第 41 卷第 19 期。

了机会。

二、上海成为中国印刷出版业的中心

因为战乱，中国的典籍与学术遭严重破坏。为了重建文化，恢复社会秩序，曾国藩、左宗棠、马新贻与李鸿章等各地官员都倡导与推动建立官书局刻印书籍。[①] 清政府也积极鼓励民间的印书出版活动，为重印古籍提供了巨大的市场需求。石印在复制典籍方面的优势凸显出来，石印业迅速发展。这一时期，石印技术进入上海，传教士为石印技术推广培养储备了人才。

此外，太平天国的战乱也使江南各地的出版与文化名流进入上海。文人流入汇集不仅形成新的读者群，也为印刷出版供应了充足的人才资源。同时，江南地区传统雕版印刷的老字号也进入上海，并且最终留在上海，加入了石印行业。[②]

在上述因素的推动下，19世纪80年代上海石印业的发展十分兴盛，上海也迅速成为中国的文化中心，以及出版印刷中心，走在了引入使用与改良仿造新式印刷技术的前沿。这也是本章讨论19世纪末石印技术以及下一章讨论20世纪初凸版印刷技术时，所研究的印刷出版公司主要集中在上海的重要原因。

三、科举用书与石印技术的推广

印刷出版与教育的关系在当时便备受关注与讨论。商务印书馆的庄俞就强调过印刷在教育中的作用，"戊戌变法之议兴，国人宣传刊物日繁，

---

① 邓文锋：《晚清官书局论述稿》，中国书籍出版社2011年版。

② 许静波：《石头记：上海近代石印书业研究1843—1956》，苏州大学出版社2014年版。

学校制度既定，复须新课本以资用，胥赖印刷为之枢机"①。自科举考试制度实行以来，便逐渐形成了一种以科举为中心的印刷文化。在功名的驱动下，士子热衷寻求举业书籍作为参考，指点迷津。在利润的驱动下，书商积极印刷出版举业书籍。科举时代，作为科举指定用书的儒家经典是书商印刷出版的大宗。科举制度的变革以及改书院为学堂的革新，都对书籍的印刷出版造成了重大影响。

相比雕版印刷，石印术翻印古本有很大的优势，不但能和原文不差秋毫，而且书版尺寸能随意缩小，蝇头小字，笔画清楚，袖珍小本，便于携带。因此，在科举时代石印颇受年轻士子欢迎。姚公鹤在《上海闲话》记载道：

> 石印书籍之开始，以点石斋为最先，在南京路泥城桥堍，月余前已拆卸改造矣。闻点石斋石印第一获利之书为《康熙字典》。第一批印四万部，不数月而售罄；第二批印六万部，适某科举子北上会试，道出沪上，率购备五六部，以作自用及赠友之需，故又不数月即罄。②

据周振鹤《晚清营业书目》所示。同文书局、飞鸿阁、鸿宝斋、申昌书局等石印书局出版最多的便是当时的科举考试用书。例如，《大题三万选》《小题文府》《各省课艺汇海》《试帖玉芙蓉》《五经文府》《小试金丹》《小题宗海》《大题文府》《大题五万选》《小题森宝》《小题三万选》《小题四万选》《小题十万选》《小题珍珠船》《小题文数》《四书题镜味根录》《巧搭文府》《小题文苑》《试帖十万军声》等。③ 有人还记录了当时卖书的情况：

① 庄俞：《鲍咸昌先生事略》，载商务印书馆编《商务印书馆九十年》，商务印书馆1987年版。

② 姚公鹤：《上海闲话》，上海古籍出版社1989年版。

③ 周振鹤：《晚清营业书目》，上海书店出版社2005年版。

试将旬日间买客约略位置：其最多之多数，必问《通鉴辑览》、《经世文编》，甚至或问《子史精华》、《四书味根》、《五经备旨》者，此皆未脱八股词章案白者。①

可见，在教育改革之前，以石印技术印刷出版的举业用书是图书市场的主流。

第五节

晚清图书市场巨变与印刷业变革

上文论证了市场需求对木活字印刷技术在族谱印制中普及的作用，而活字印刷没能在中国传统图书印制市场普及的原因还需要进一步论证。晚清教育改革导致的图书市场巨变恰好为此提供了很好的历史实验，西式活字印刷在中国印刷业中的普及也验证了市场需求促进"资本密集型技术"扩散的观点，资本密集型技术在这里仅表示西式活字印刷对资本的要求相对雕版印刷与石印更高。下面对这一过程加以分析。

一、教育改革对书籍市场的冲击

（一）晚清教育改革的经过

科举制是一项集文化、政治、教育等多方面功能的基本体制，"它上及官方之政教，下系士人之耕读，使整个社会处于一种循环的流动之中，

---

① 王维泰：《汴梁卖书记》，载宋原放编《中国出版史料（近代部分第三卷）》，湖北教育出版社、山东教育出版社 2004 年版。

在中国社会结构中起着重要的联系和中介作用"①，1905 年科举的废除对中国政治、社会、教育都产生了很大影响。伴随着科举制度废除的是学堂制度的建立，"废科举，立学堂"是近代中国教育改革的核心内容。教育改革对中国书籍的印刷出版也造成了非常大的冲击。

书院改革的实践要早于科举改章。最初的书院改革主要由地方官僚或民间士绅领导进行。例如，张之洞于1890 年创办两湖书院，先是设立了经学、史学、理学、文学、算学、经济六门学科，后改设经学、史学、地理、数学、博物、化学及兵操等科。② 同治十二年（1874 年），传教士傅兰雅发起倡议，号召中西士绅捐银在上海共同创建格致书院。其宗旨是"欲令中国便于考究西国格致之学、工艺之法、制造之理"③。

甲午战争之后，维新人士已经不再满足于书院改革，他们直接要求将书院改为学堂，兼习中学与西学。光绪二十一年（1895 年），顺天府尹胡橘棻向皇帝上书《变法自强疏》，此疏共有十条建议，第十条即为"设立学堂以储人才"，要求"将大小各书院，一律裁改，开设各项学堂"④。次年（1896 年）五月，刑部左侍郎李端棻上奏《推广学校以励人才折》，再次提及改书院为学堂，他请求"自京师以及各省府州县皆设学堂"，考虑到费用问题，建议将各地原有书院改为学堂。⑤ 光绪二十四年（1898 年）五月，光绪下旨将各省书院改为学校：

著各该督抚督饬地方官，各将所属书院坐落处所、经费数目，限两个月详查具奏，即将各省府厅州县现有之大小书院，一律改为兼习中学、西

①　罗志田：《清代科举制改革的社会影响》，《中国社会科学》1998 年第 4 期。
②　陆胤：《清末两湖书院的改章风波与学统之争》，《史林》2015 年第 1 期。
③　王尔敏：《上海格致书院志略》，香港中文大学出版社 1980 年版。
④　胡橘棻：《变法自强疏》，载朱有瓛编《中国近代学制史料（第一辑下册）》，华东师范大学出版社 1986 年版。
⑤　陈谷嘉、邓洪波：《中国书院史资料》，杭州教育出版社 1998 年版。

学制学校。至于学校等级，自应以省会之大书院为高等学、郡城之书院为中等学、州县之书院为小学，皆颁给京师大学堂章程，令其仿照办理。其地方自行捐办之义学社学等，亦令一律中西兼习，以广造就。①

戊戌变法失败后，改科举的内容废止从旧，但学堂得以保留，"各府州县议设之小学堂，仍听民自便，不必官为督理"②。

光绪二十七年（1901 年）五月，湖广总督张之洞、两江总督刘坤一联名上奏，要求建立近代学制体系，改书院为学堂，仿照日本建立西式三级学校体系。同年八月，清廷采纳了张之洞、刘坤一的建议，下诏宣布：

除京师已设大学堂，应行切实整顿外，著将各省所有书院，于省城均改设大学堂，各府厅、直隶州均设中学堂，各州、县均改设小学堂，并多设蒙养学堂。③

此外，清廷还要求"以历代史鉴及中外政治、艺学为辅，务使心术纯正，文行交修，博通时务，讲求实学"。自此之后，书院便被新式学堂所代替。

1901 年 8 月 29 日，清廷相继颁布两道上谕，改变考试内容与场次，而且明确规定科举考试，以及吏部选录官员的考试，一律废弃八股程式改用策论，以引导士子、官吏重视时政，求真务实。同年 12 月 31 日，政务处、礼部会奏，将 8 月 29 日改革科举的上谕，具体化为可操作的措施，对题目类型、字数、书写要求等均做了明确规范。④ 科举改章之后，朝中大员中的改革派想进一步改良科举制度，均被拒绝。此外，科举考试与学堂教育冲突、干扰学堂发展的现象也越来越明显。人们对科举制度自身改良的尝试逐渐不再抱期待。为了排除干扰，加速学堂发展和培养新式人才，

---

① ③ 中国第一历史档案馆：《光绪朝上谕档》第 24 册，广西师范大学出版社 1996 年版。

② 中国第一历史档案馆藏档案，军机处录副奏折，文教类，学校项，7210/18。

④ 关晓红：《清季科举改章与停废科举》，《近代史研究》2013 年第 1 期。

1905 年 9 月清廷终于下诏废止科举。

（二）教育改革对教科书市场的影响

我国最早的教科书编辑可以追溯到 1877 年，是由传教士在上海成立的益智书会主持，英国传教士傅兰雅担任总编辑，主要供教会学校使用。"教科书"这名称也由此而来。1877 年至 1890 年，由益智书会出版以及审定重印的教科书与教学图表 103 种。① 在国人自编新式教科书之前，中国各类新式学校使用的教科书大多数是由以益智书会为代表的教会出版机构出版。② 不过，教会教科书也存在一些缺陷。在内容上，教会教科书出版体系并不完整，重自然科学而轻社会科学。另外，教会教科书存在一些与中国的文化传统和知识结构冲突的地方。③ 教科书依赖教会出版的局面在教育改革开始之后发生变化，知识分子与印刷出版商纷纷参与到新式教科书的编译中来。中国的印刷出版业也在此过程中发生了巨大变化。

1901 年科举改章之后，西学盛行，图书市场也开始发生变化。出版的主流图书由以四书、五经为主的科举应试书籍转向西学西艺书籍与新式教科书。

自废弃制艺之诏下，海内人士知朝廷敦崇实学，咸思研究经济以收实效，而宏远谟而学究之为训蒙计者，亦知时文试帖不足以猎取功名，亟思改弦更张，别谋补救，于是竞购中西各书籍，为研摩玩索之资。④

对中西各类书籍以及教科书的追求也改变了中国印刷出版业的格局，民营的综合性印刷出版公司兴起，中国书籍印刷的主流方式也由石印转变为西式活字印刷。

---

① 王立新：《晚清在华传教士教育团体述评》，《近代史研究》1995 年第 3 期。
② 张允允：《上海地区中小学教科书出版变迁初探（1920—2011）》，载陈丽菲主编《上海近现代出版文化变迁个案研究》，上海辞书出版社 2016 年版。
③ 张雪峰：《试论晚清新式教科书的出版及其影响》，《图书与情报》2005 年第 2 期。
④ 《劝各郡县广购中西有用书籍以兴实学说》，《申报》1901 年 9 月 25 日第 1 版。

二、教科书市场的需求与综合性印刷出版公司的兴起

科举改章后，旧式教材不能适应新式教育的需要，但官方又没有统一编订的教材，图书市场对教科书的需求更加急迫。随着19世纪末中国活字市场上字模的增加以及制版技术的改进，西式活字印刷的生产效率进一步提高，加上教科书的巨大需求，使用新式印刷机器的印刷出版商迎来了发展的机会。光绪二十八年（1902年）八月，清政府颁布《钦定学堂章程》，通令全国设立学堂。商务印书馆随即编辑出版了《最新国文教科书》，广受欢迎，数月间风行全国，行销十余万册，多次重印。后来又陆续编印了内容新颖、门类齐全的全套中小学教科书。1905年12月，商务印书馆非常股东会记录：

现在谕废科举，广设学堂，需用教科书籍仪器，较前更甚。京师学务处及各官局所编教科书无多；其余书业各家编辑教科甚少。本馆更应设法扩充各事。①

可知，"废科举，广设学堂"使新式教科书供不应求。商务印书馆为了满足市场需求，设法进一步扩大生产。

1906年，张謇在上海集资开办中国图书有限公司，表示"今者科举废、学校兴，著译之业盛行，群起以赴教育之的"②。文明书局、广智书局等以西式活字印刷为主的综合性印刷出版公司在此背景下纷纷成立，参与到编辑教科书的事业中来。这些综合性的印刷出版公司虽然大都会同时经营活字印刷与石印，但石印只用来复制古籍、字画等，是很小的一块业务，主流业务还是活字印刷。

---

① 《商务印书馆非常股东会》，载宋原放编《中国出版史料（近代部分第三卷）》，湖北教育出版社、山东教育出版社2004年版。

② 《中国图书有限公司缘起代论》，《申报》1906年4月25日第2版。

综合性的印刷出版公司推动了中国教科书印刷出版的发展，教科书的印刷出版也促使了综合性印刷出版公司的迅速崛起。1906 年清政府学部第一次对初等小学教科书进行了审定，"参加审定的暂用书目共 102 册，其中由民营出版机构发行的有 85 册，几乎全部被商务印书馆、文明书局和时中书局三家所包揽"①，商务印书馆为 54 册，超过了总数的一半。1912 年成立的中华书局是近代中国另一家重要的印刷出版机构，其在成立之初便以出版教科书为主业，并在当年编辑出版了"中华教科书"。由于新政权成立，"中华教科书"合乎共和体制，所以这套教科书在当时几乎独占了中小学教科书市场。② 中华书局也因此成为当时中国规模与实力仅次于商务印书馆的印刷出版公司。

晚清教育改革推动了教科书市场的兴起，以西式活字印刷为主的印刷出版公司从此成为中国印刷出版业的主角，西式活字印刷也成为中国主要的印刷方式。市场需求支撑推动初始资本投入较高的技术扩散的观点也再次得到验证。

第六节

小结

在以上的分析中，我们从资本的视角对初始资本投入较大的技术扩散

---

① 李泽彰：《三十五年来中国之出版业》，载张静庐辑注《中国现代出版史料丁编》，中华书局 1959 年版。

② 中华书局编辑部：《中华书局百年大事记》，中华书局 2012 年版。

的原因展开了研究，对雕版印刷在中国图书印制市场普及，以及木活字印刷于清乾隆年间成为族谱印刷主要方式的原因做了解答。此外，本章还对晚清教科书市场兴起与西式活字印刷技术普及的关系做了研究。现对主要结论总结如下：

（1）活字印刷未能成为中国传统印刷技术主要方式由当时图书市场的特点决定。清代的科举考试以及书院教学的需求使儒家经典书籍在中国传统图书市场占主导地位，这些书籍内容长年不变，雕版印刷可满足其重复印制的需求。同时，雕版印刷作为一种典型的劳动密集型技术，初始资金投入相对较少，风险也较低，印刷出版商采用雕版印刷便能以相对较低的投入获得不错的收益。因此，对资本投入要求更高的活字印刷难以发展。

（2）木活字印刷能在族谱印制中盛行，民间宗族印制族谱的需求起了决定性作用。木活字印刷技术的初始投入较高，只有市场需求足够大的时候才能得到发展。清代宗族的民间化特色很浓，民众参与宗族活动撰修族谱的热情很高，加上清乾隆年间经济又得到恢复，族谱印制的市场需求巨大，从而能够弥补活字印刷前期的初始投入。同时，在宗族发达的地区，族谱数十年一修，市场前景广阔，降低了投资活字印刷族谱的市场风险。市场需求是木活字印刷在族谱印制中普及的根本原因。

（3）石印业在上海兴起与太平天国运动之后的文化重建有关，科举用书的市场需求也推动了石印技术发展。石印技术传入中国的时间比铅印技术要晚，但太平天国运动之后，石印技术率先在上海等地得以推广，并逐渐取代了雕版印刷技术在印刷出版行业的主流地位。这与太平天国运动对典籍毁坏严重、重印古籍为石印技术提供了巨大市场需求有关；同时，在图文复制方面，石印相比雕版印刷更加精准且成本更低，适合科举用书，科举用书的图书市场需求进一步推动了石印技术的发展。

（4）晚清西式活字印刷的普及也反映了市场的支撑是初始资本投入较大的技术推广的主要动力。晚清的教育变革导致了图书市场的巨变，教科书市场的兴起为对资本要求更高的西式活字印刷提供了巨大的市场，从而推动了西式活字印刷的发展与普及，使西式活字印刷成为中国印刷的主要方式。这一经过再次验证了市场需求直接导致了初始资本投入较大的技术的扩散。同时，这个案例也从另外一个角度为木活字印刷为何未能在传统图书印制市场占据主流地位提供了答案，佐证了市场需求不足是木活字印刷未能在中国传统社会普及的主要原因。

本章论证了市场需求促成投资者对初始资本投入较大的技术进行投资的意愿，而投资为何能取得成功，则是下面章节要重点讨论的内容。

第四章

教会印刷所的治理结构对印刷技术传播的影响

　　19世纪初，西方传教士引进了西方印刷技术，令中国的印刷技术以及出版印刷业发生了巨大变化。19世纪初至19世纪70年代，西式印刷技术处在尝试与准备阶段，这一阶段推动西式印刷技术在中国发展的主力是教会的印刷所。其中，伦敦会的印刷所在中国起步最早。19世纪60年代之前，伦敦会创办的上海墨海书馆与香港英华书院在技术、设备以及影响力方面都胜于美国长老会创办的印刷所。但19世纪60年代之后，美国长老会创办的美华书馆逐渐成为在华规模最大，也最具影响的教会印刷所，而墨海书馆与英华书院却日趋衰落，最终倒闭。本章将从资本的"质"这个角度对两个教会印刷所的治理结构加以考察，并分析教会印刷所及其治理结构在西式印刷技术在中国传播过程中的作用。由于相关档案资料收藏于英美等国的大学图书馆与档案馆，本章所用的档案材料多转引自苏精的《铸以代刻：十九世纪中文印刷变局》一书。

第一节
企业的治理结构与印刷业

近代西式印刷术以机械操纵为基本特征，采用了机械、光学、电器、化学等科学的原理。[①] 其进入中国直接导致了中国印刷术及其印刷事业的迅速发展和重大变革。但是，这种西式印刷技术的设备投入相对较大，对技术的要求也更高，传统作坊式的生产与经营方式难以适用于其工业化生产。因此，伴随着新技术发展的，还有资本运作方式的转变以及新的商业组织的出现。投资者无论是合伙入股还是以公司入股的形式参与印刷出版事业，都会面临与经理人的委托—代理问题。投资者权益能否得到保障，企业的经营能否持久盈利都与企业的治理结构有很大的关系。

作为衡量资本"质"的重要指标，企业的治理结构是本书第四章到第六章重点考察的对象。一个健全的企业治理结构既能为经理人提供经营决策的空间，也能限制经理人的机会主义行为，保证经理人的经营决策行为是为股东利益最大化而做出，并能够促进企业的长远健康发展。对于印刷出版企业，完善的治理结构有助于公司基业长青并持续获利；而对于印刷业，完善的企业治理结构则有助于新技术与设备的更新与推广，也有利于推动整个行业的发展与进步。通过接下来三章的研究，我们会对此有更深刻的认识。

---

① 张树栋等：《中华印刷通史》，财团法人印刷传播兴才文教基金会 2004 年版。

在本书导论的理论框架部分笔者对企业治理结构的适用范围做了探讨，基于布莱尔广义公司治理结构的界定，本章对公司治理的概念加以适当延伸。由于教会印刷所也存在委托—代理的关系，教会、传教士与印刷主管的关系类似于公司股东、董事会与经理人的关系，不过股东的目标是印刷宗教读物。本章将通过考察投资者（教会）、董事会（传教士）与经理人（印刷主管）的关系，分析印刷所治理结构对企业自身发展的影响，以及对中国印刷技术扩散与变迁的影响。

第二节
教会印刷机构简介

从西式印刷技术在中国发展的介绍中能发现，无论是改良与研发中文铅活字，还是引入新式印刷设备，教会的印刷机构都起着举足轻重的作用。教会的印刷机构是当时推广印刷技术主要的资本组织形式，也是本章研究的主要对象。后面的内容将围绕几家重要的教会印刷所展开，通过印刷所的治理结构来探讨资本在印刷技术传播过程中的作用。本节对接下来要研究的几家印刷所加以简单介绍。

一、教会设立印刷所的目的

基督教一向重视印刷出版，将其作为辅助传教的重要手段。从19世纪初到鸦片战争爆发前的三十多年时间里，中国内地禁止传教，被拒于门外的传教士唯有借着印刷出版，方有机会渗透进中国社会。因此，他们投入了巨大的人力、财力、物力来研发中文活字，并在澳门、南洋一带设立印刷机构印刷出版中文宗教读物，再想办法传入中国境内。

鸦片战争之后，中国内地禁教的政策放松，传教士纷纷进入中国，可以直接面对民众传教讲道。但是相对中国广大的人口数量，传教士数量明显不足。据基督教史学家赖德烈（Kenneth Scott Latourette）统计，鸦片战争前来华传教士只有 56 人，战后至 1867 年新来了约 300 人，但相对于中国近四亿的人口，这传教士数量仍然显得微乎其微。[1] 要更好地实现传教效果，弥补传教士人手不足的缺憾，就必须大力发展印刷出版。于是，传教士在宁波、上海等地先后开办了多家印刷出版机构。

二、伦敦会与美国长老会的印刷机构

伦敦传教会与美国长老会是在华开展印刷出版事业，传播西式印刷技术重要的两个教会。当时在中国的几家规模、影响力都很大的印刷机构就是这两个教会所办，这几家印刷机构也是本章的主要研究对象。

伦敦传教会简称伦敦会，是一个基督新教组织，由英国国教会、公理会与长老会于 1795 年合并而成。其主要宗旨便是派遣传教士去海外传播基督教福音，是英国在华传教的主力。[2] 海外的传教士一般是通过伦敦会秘书与教会保持联系。鸦片战争前，伦敦会在华的布道会较多，印刷出版活动的规模也远胜于其他传教会。[3] 最早来华并研制活字的新教传教士马礼逊便是受伦敦会的差遣。墨海书馆与英华书院是伦敦会在华重要的两个印刷机构。

美国长老会是一个成立于 1789 年的基督教新教组织，其海外传教有一

①　转引自苏精：《铸以代刻：十九世纪中文印刷变局》，中华书局 2018 年版。
②　熊月之：《西学东渐与晚清社会》，上海人民出版社 1994 年版。
③　苏精：《铸以代刻：十九世纪中文印刷变局》，中华书局 2018 年版。

个专门的负责机构，便是成立于 1837 年的外国传教部（Board of Foreign
Missions of the Presbyterian Church），海外传教士的各项事宜包括印刷出版
都由外国传教部负责处理。娄睿（Walter Lowrie）在外国传教部成立后的
第一次会议中便被任命为委员会秘书。① 之后，娄睿执掌外国传教部长达
三十年。娄睿很支持传教士印刷出版。美国长老会宣布在华开创传教
事业的时候，便决定把中文的印刷出版作为辅助传教的重要部分。同
时，长老会设立的印刷所一开始便直接采用铸造的金属活字，并坚定
认为金属活字印刷必然胜于中国传统的雕版印刷。美国长老会在华创
办的印刷机构都得到了娄睿的大力支持。上海美华书馆是美国长老会最重
要的印刷机构。

伦敦会创办的印刷所起步最早，上海墨海书馆早在 1847 年便拥有了先
进的滚筒印刷机，给参观的中国人很大的震撼，到 19 世纪 60 年代关闭时，
它已经拥有三台滚筒印刷机。另一家由伦敦会创办的印刷所香港英华书院
成立于 1846 年，拥有戴尔与柯理铸造的多副中文字模，是 19 世纪 50 年代
至 60 年代，中国境内中文字模的主要供应者。两所印刷所虽然存续时间不
长，但都为中国西式活字印刷技术的普及做了很大贡献。

美国长老会创办的华英校书房、华花圣经书房与美华书馆有一个先后
延续的关系（见表 4-1）。美华书馆的印刷主管姜别利发明了电镀华文字
模，还对排字架进行了改革，极大地提高了活字印刷的排版效率。此外，
美华书馆存续的时间较长，印刷规模也一度发展得很快，为中国印刷出版
行业培养了不少人才。商务印书馆是 20 世纪初中国最大的印刷出版公司，
它的几位创始人都在美华书馆工作与学习过。

---

① 颜小华：《美北长老会在华南的活动研究（1837—1899）》，暨南大学博士学位论文，
2006 年。

表4-1 伦敦会与美国长老会在华创办的几家主要印刷机构

印刷机构	所在地	开设时间	关闭时间	所属教会	备注
英华书院	香港	1843年	1873年	伦敦传教会	盘给中华印务总局
墨海书馆	上海	1843年	1865年	伦敦传教会	1860年伟烈亚力离开后，墨海书馆便基本停止了印刷出版
华英校书房	澳门	1844年	1845年	美国长老会	迁往宁波，更名为华花圣经书房
华花圣经书房	宁波	1845年	1860年	美国长老会	迁往上海，更名为美华书馆
美华书馆	上海	1860年	1927年	美国长老会	盘给商务印书馆

资料来源：胡国祥：《近代传教士出版研究》，华中师范大学出版社2013年版，第62-76页；苏精：《铸以代刻：十九世纪中文印刷变局》，中华书局2018年版；熊月之：《西学东渐与晚清社会》，上海人民出版社1994年版，第142-219页；张树栋等：《中华印刷通史》，财团法人印刷传播兴才文教基金会2004年版。

第三节
教会印刷机构的资金来源与治理结构

一、传教士从事印刷出版事业的资金来源

分析印刷所资金来源，一方面是为了说明教会印刷所的主要投资人是教会以及"圣经公会"与"宗教小册会"，印刷宗教读物是投资人的主要目标，为分析印刷所的治理结构提供依据；另一方面也通过印刷所的自营收入反映教会印刷所也从事商业印刷。在后面的研究中也能发现，从印刷所的长远发展来看，商业印刷与其他商业活动是一项很重要的收入来源。

（一）教会资助

教会的资助是传教士印刷出版主要的经费来源。教会印刷机构大多是

由教会出资成立，上海墨海书馆与香港英华书院由伦敦传教会资助设立，上海的美华书馆及清心书院由美国长老会的外国传教部出资创建。印刷所的日常经费通常也受所属教会支持。例如，伦敦会的英华书院在柯理铸造活字期间开销很大，费用主要由伦敦会承担。伦敦会秘书梯德曼对于要不断拨款进行非直接传教的铸字工作颇有怨言，认为英华书院开支过大。① 除了金钱资助，印刷所若需要印刷设备与技术人员时，也可以向教会申请。例如，1845 年墨海书馆向伦敦会申请购置一部滚筒印刷机。伦敦会收到申请后便购买了滚筒印刷机及活字等，并雇用了伟烈亚力来华。② 美华书馆的姜别利，来华后就经常写信给美国长老会负责海外传教的外国传教部秘书娄睿，要求购买机器、纸张、油墨等，娄睿也几乎是有求必应。③

　　除了各传教会资助海外传教士印刷出版，英美两国还都有专门资助出版宗教读物的机构，即"圣经公会"和"宗教小册会"（以下简称"两会"）。英国有"英国圣经公会"和"英国宗教小册会"，美国则有"美国圣经公会"和"美国小册会"。两会通常不派遣自己的传教士，而是专门补助各传教会印刷出版传教书刊。顾名思义，"圣经公会"主要资助《圣经》的印刷出版，"宗教小册会"则主要是资助印刷出版各种传教的小册子。各教会和传教士都可以向自己国家的"两会"申请印刷与出版费用。马礼逊的出版就经常获得英国"两会"的资助。④ 伦敦会的上海墨海书馆与香港英华书院也从英国"两会"获得过补助。1884 年至 1847 年，"英国宗教小册会"有过三次补助墨海书馆出版印刷的记录：第一次 200 元⑤，第二次

---

　　① LMS/UG/OL，A. Tidman to J. Legge，London，23 November 1850，转引自苏精《铸以代刻：十九世纪中文印刷变局》，中华书局 2018 年版。

　　② LMS/BM，5 January 1847，转引自苏精：《铸以代刻：十九世纪中文印刷变局》，中华书局 2018 年版。注：滚筒印刷机有受圣经公会赞助。

　　③ 苏精：《铸以代刻：十九世纪中文印刷变局》，中华书局 2018 年版。

　　④ 苏精：《中国，开门！马礼逊及相关人物研究》，基督教中国宗教文化研究社 2005 年版。

　　⑤ LMS/CH/CC，1. 1. B.，W. H. Medhurst & W. Lockhart to A. Tidman，Shanghai，31 March 1845，转引自苏精：《铸以代刻：十九世纪中文印刷变局》，中华书局 2018 年版。

464 元①，第三次是 50 金币②。在此期间，墨海书馆从"英国圣经公会"得到两次补助：一次是 100 英镑③，还有一次是 150 英镑。④ 由美国长老会创办的华花圣经书房与美华书馆则几乎每年都能从美国的"两会"获得补助。以华花圣经书房为例，1854~1859 年，累计接受"美国圣经公会"补助款 3564.67 元，接受"美国小册会"5126.11 元（见表 4-2），每年接受补助的金额波动比较大，没有规律性。这里要说明的是，"两会"的资助有时带有商业代印的性质。印刷所会根据印刷成本来确定一个收费标准，印的越多获得的补助也越多。例如，美国 1858 年"圣经公会"的补助款为 45 元，"小册会"补助款为 2299.83 元，反映出这一年"圣经公会"印刷出版的《圣经》很少，小册子却印刷出版了很多。

表 4-2　华花圣经书房使用"两会"补助款　　　　　单位：元

年度	"美国圣经公会"补助款	"美国小册会"补助款
1854	298.35	428.75
1855	830.89	554.25
1856	323.37	823.99
1857	318.5	702.32
1858	45	2299.83
1859	1748.56	316.97
合计	3564.67	5126.11

资料来源：1854~1859 年宁波布道站出版委员会司库年报，转引自苏精：《铸以代刻：十九世纪中文印刷变局》，中华书局 2018 年版。

---

① LMS/CH/CC, 1.1.B., W. H. Medhurst, W. Lockhart & W. Fairbrother to A. Tidman, Shanghai, 7 October 1845, 转引自苏精《铸以代刻：十九世纪中文印刷变局》，中华书局 2018 年版。

② LMS/CH/CC, 1.1.C., W. H. Medhurst & W. Lockhart to A. Tidman, Shanghai, 10 April 1846, 转引自苏精《铸以代刻：十九世纪中文印刷变局》，中华书局 2018 年版。

③ LMS/CH/CC, 1.1.C., W. H. Medhurst & W. Lockhart to A. Tidman, Shanghai, 10 April & 14 October 1846, 转引自苏精《铸以代刻：十九世纪中文印刷变局》，中华书局 2018 年版。

④ LMS/CH/CC, 1.1.D., William C. Milne to A. Tidman, Shanghai, 11 October 1847, 转引自苏精《铸以代刻：十九世纪中文印刷变局》，中华书局 2018 年版。

（二）自营收入

自营收入是教会印刷所另一项重要的收入来源。自营收入之一便是印刷业务，印刷所除了印刷本布道会的传教读物以及自己传教士的非宗教书籍，还会印刷其他布道站甚至别的教会的传教书刊，或者其他传教士的书籍。此外，各印刷所还会根据情况代印一些商业性的书籍、文件等。例如，马礼逊教育会出版的期刊《遐迩贯珍》交由香港英华书院代印，经费由马礼逊教育协会资助一小部分，其余通过欧美人士的赞助与购阅来承担，英华书院则收取代印费用。① 再如，上海的一些外国公司有时会请墨海书馆代印一些表格文件。墨海书馆 1845 年 4 月 1 日至 10 月 1 日的账目中，便记录有 60 元的代工印刷收入。② 美华书馆更是从代印中获得不少收入。1863 年美华书馆代印了其他布道会三名传教士的著作，这一年的代印收入多达 2780.07 元。③ 此外，美华书馆还为上海的丰裕洋行代印商业表单，每个月有近 100 银两的收入。④

印刷所的另一项自营收入是出售铅活字或者字模。香港英华书院拥有戴尔的大小两副中文活字字范与字模，它们由传教士施敦力（Alexander Stronach）于 1846 年从新加坡携带而来。1851 年，美国印工柯理在英华书院将戴尔的两副活字字模补全成功，并铸造了小活字的字模。之后，出售活字便成为英华书院除伦敦会拨款之外的另一项重要收入来源。英华书院也因此成为 19 世纪五六十年代中文活字的主要供应者。在华其他传教团体、香港与上海的报纸杂志、外国政府与团体、中国的政府或个人，如两

---

① 冯卉：《〈遐迩贯珍〉的研究》，暨南大学硕士学位论文，2006 年。

② LMS/CH/CC, 1.1.B., W. H. Medhurst, W. Lockhart & W. Fairbrother to A. Tidman, Shanghai, 7 October 1845, 转引自苏精《铸以代刻：十九世纪中文印刷变局》，中华书局 2018 年版。

③ 199/8/54, Annual Report of the Press for the year ending October 1, 1863, 转引自苏精《铸以代刻：十九世纪中文印刷变局》，中华书局 2018 年版。

④ BFMPC/MCR/CH, 199/8/47, W. Gamble to W. Lowrie, Shanghai, 19 February 1863, 转引自苏精《铸以代刻：十九世纪中文印刷变局》，中华书局 2018 年版。

广总督、上海道台、清廷总理衙门等，都先后购买过英华书院的中文活字，或者字模。① 1865 年姜别利铸造电镀活字的工作完成，之后美华书馆便逐渐取代了英华书院主要中文活字供应者的地位。1865 年，美华书馆的活字收入为 681.12 元。② 到 1869 年，其活字收入便达到 5992.11 元③，销售市场也从中国拓展至欧洲、日本及美国。

（三）其他来源

向公众或者个人募款也是传教士从事印刷出版事业的重要资金来源。戴尔在马六甲研制雕铸中文活字的时候，资金紧缺，于是写信向伦敦教会总部求助，伦敦总部拨款 100 英镑，同时还向公众募捐。之后，戴尔收到了来自英国各地约 200 英镑的捐款。④ 另外一个例子便是香港英华书院印刷出版的《中国经典》，此书是传教士理雅各对包括儒家经典在内的中国典籍系统研究与翻译的成果，为西方读者了解中国的思想与文化提供了一个重要渠道。⑤ 王韬在谈到其影响时称："书出，西儒见之，感叹其详明该洽，奉为南针。"⑥ 但是，当时印刷出版这部完全不具有传教性质的书籍不可能得到伦敦会的补助，理雅各自己也无力承担。于是理雅各向英商怡和洋行的约瑟夫·查甸（Joseph Jardine）请求赞助，查甸承诺负担全部15000 元的预估费用。⑦ 后来所需经费超过了 15000 元，但这套书前期的销

① 谭树林：《英华书院之印刷出版与中西文化交流》，《江苏社会科学》2015 年第 1 期。

② BFMPC/MCR/CH，196/7/104，Annual Report of the Presbyterian Mission Press at Shanghai，from Oct. 1，1864 to Oct. 1，1865，转引自苏精：《铸以代刻：十九世纪中文印刷变局》，中华书局2018 年版。

③ BFMPC/MCR/CH，195/9/133，Presbyterian Mission Shanghai in a/c Current with the Presbyterian Mission Press for the Year Ending September 30，1869，转引自苏精：《铸以代刻：十九世纪中文印刷变局》，中华书局 2018 年版。

④ 胡国祥：《近代传教士出版研究》，华中师范大学出版社 2013 年版。

⑤ 乔澄澈：《理雅各的〈中国经典〉及其宗教思想》，《学术界》2013 年第 12 期。

⑥ 王韬：《弢园文录外编》，上海书店出版社 2002 年版。

⑦ LMS/CH/SC，6.1.B.，J. Legge to A. Tidman，27 Montpelier Square，Brompton，17 June1858，转引自苏精《铸以代刻：十九世纪中文印刷变局》，中华书局 2018 年版。

售情况良好，收入足以应对后续的印刷出版。

有时候传教士也将自己的积蓄用于印刷出版。马礼逊在 1826 年离开英国前出版了《临别赠言》一书，其中有批评当时传教会执事傲慢无礼，视传教士为下属的内容，引起伦敦会不满。伦敦会与马礼逊的关系急转直下，并拒绝补助印刷他的著作。1831 年马礼逊便投入自己多年的积蓄来发展印刷出版事业。[①]

二、教会印刷所的治理结构

（一）对教会印刷所治理结构的说明

根据本章第一节对公司治理概念的延伸，我们可以把教会、布道站与印刷所的关系用公司的治理结构做一个类比。从印刷所资金来源的梳理中可以发现，教会是印刷所主要的资金提供方，可以看作是大股东。教会的印刷所通常有一个负责处理技术与日常事务的印刷主管（Superintendent），印刷主管一般由专业的技术人员担任，是教会聘任的世俗职员，相当于经理人。印刷所通常从属于当地的布道站，布道站的传教士对印刷主管进行监督管理，有的还参与印刷品选择或者印刷方式的决策。同时，布道站直接听命于教会，且会定期向教会汇报财务以及印刷出版情形，因此布道站的传教士可以看作是代表股东利益的董事会或者监察会。不过作为股东的教会，其主要目标不是商业利润最大化，而是希望印刷所能印刷更多的宗教读物。

把教会印刷所用公司的治理结构做类比，我们能发现，美国长老会与伦敦会创办的印刷所的治理结构是存在较大差异的，主要体现在作为经理人的印刷主管在印刷所的权力与地位很不一样。柯理是当时唯一一名在美

---

① 苏精：《铸以代刻：十九世纪中文印刷变局》，中华书局 2018 年版。

国长老会与伦敦会创办的印刷所中都担任过印刷主管的技工，其经历能很好地反映两个教会下的印刷所治理结构的差异。① 柯理在担任宁波华花圣经书房主管期间，地位与传教士是平等的。他能作为正式的一员出席布道站会议，拥有投票权，也能轮流担任会议主席，还能直接与长老会外国传教部的秘书通信。但在香港英华书院担任印刷主管时，他只被当作一个普通的世俗雇员对待。即便破例允许参加布道站会议，也没有投票权。当印刷所的一些事项需要联系伦敦会总会时，也要通过传教士来转达。② 下面笔者对两个教会的印刷所的治理结构做详细的分析。

（二）伦敦会印刷所的治理结构

伦敦会创设的印刷所都坚持了决策与经营相分离、经营层受决策层监督的原则，执行日常事务的印刷主管要严格服从于传教士。

1. 墨海书馆的治理结构

在伟烈亚力 1847 年赴墨海书馆担任印刷主管前，伦敦会秘书梯德曼（A. Tidman）在给麦都思与另一名传教士雒魏林（W. Lockhart）的信中便明确界定了新任印刷主管的身份和地位。印刷主管只是由伦敦会聘请的付薪职员，从属于由传教士组成的站务委员会，凡事须听从委员会决议。③ 同时，伟烈亚力的单身年薪只有 150 英镑，是单身传教士的 3/4，而且传教士都各自直接向伦敦会支领薪水，而他每次都要向站务委员会申请转发。④ 1848 年，伟烈亚力结婚。传教士的薪水婚后一般都会增加，于是伟烈亚力在 1849 年 2 月向麦都思提出要按年薪 250 英镑的标准支取婚后薪

---

① 注：柯理于 1847 年离开华花圣经书房可能与其精神问题有关，柯理在宁波与传教士的相处很不愉快，后来还发生了间接导致传教士娄理华被害的"柯理事件"。

② 苏精：《铸以代刻：十九世纪中文印刷变局》，中华书局 2018 年版。

③ LMS/UG/OL, A. Tidman to W. H. Medhurst & W. Lockhart, London, 9 October, 1846，转引自苏精：《铸以代刻：十九世纪中文印刷变局》，中华书局 2018 年版。

④ LMS/CH/SC, 1.2.C., W. H. Medhurst, et al., to Tidman, Shanghai, 12 October, 1849，转引自苏精：《铸以代刻：十九世纪中文印刷变局》，中华书局 2018 年版。

水，被麦都思拒绝，认为只应支付 225 元。此时，恰逢伦敦会降薪，普通传教士的薪水从 300 英镑降为 250 英镑，伟烈亚力的婚后薪水则被总部定为 200 英镑。① 据此可知，墨海书馆的管理是分决策与执行两级的。决策由伦敦会上海站领导人负责，印什么书和如何印都要通过站务委员会决定；印刷所主管则是处理日常事务，负责管理工人与采购保管原料器材等，其地位也要低于传教士。

2. 英华书院的治理结构

英华书院的管理也是分为两级，由书院的印刷主管负责日常与技术事务，主管受传教士监督，决策权也主要归于传教士。1847 年至 1852 年，英华书院最早的印刷所主管是柯理，其身份是临时人员，受传教士集体监督与管理，薪水也只有 200 镑，低于其他已婚传教士的 300 镑。1849 年香港站的传教士向伦敦会建议提高柯理的年薪，但伦敦会没有答应。② 1852 年 9 月 23 日，柯理离职返美。传教士将英华书院的管理分成印刷与铸字两部分，印刷由曾经向柯理学习过一段时间的中国青年李金麟负责，铸字交给之前的铸字工匠黄木负责，相当于是有两名主管。不过，布道站还安排了当时新到的传教士湛约翰（J. Chalmers）来管理英华书院的全盘事务。③ 两位中国主管的工资比柯理还低，月薪各只有 15 元，加起来只有柯理的 1/3。不久李金麟因病离职，后来洋务运动的先驱之一黄胜于 1853 年 10 月接替其职。④ 1854 年，黄胜同时掌管了印刷与铸字的工作。在黄胜担任印

---

① 叶斌：《上海墨海书馆的运作及其衰落》，《学术月刊》1999 年第 11 期。

② LMS/CH/CC, 5. 0. A., B. Hobson to A. Tidman, Hong Kong, August 28, 1849; LMS/BM, 26 November 1849, 转引自苏精：《铸以代刻：十九世纪中文印刷变局》，中华书局 2018 年版。

③ LMS/CH/SC, 5. 2. C., J. Legge to A. Tidman, Hong Kong, 23 September, 1852, 转引自苏精：《铸以代刻：十九世纪中文印刷变局》，中华书局 2018 年版。

④ LMS/CH/SC, 5. 3. C., J. chalmers to A. Tidman, Hong Kong, 26 October, 1853, 转引自苏精：《铸以代刻：十九世纪中文印刷变局》，中华书局 2018 年版。

刷所主管期间，传教士对英华书院的监督由传教士集体监督转变为一人监督。① 这种监督还带有管理的成分，印刷内容与印刷方式也多由负责督管的传教士决定。直到1873年英华书院被出售，传教士始终都对英华书院有监督管理的责任。

（三）美国长老会印刷所的治理结构

1. 华花圣经书房的治理结构

在美国长老会的印刷所，印刷主管的地位与待遇都比较高，甚至能与传教士平起平坐。1845年，澳门华英校书房从澳门迁到宁波，更名为华花圣经书房。其当年的布道站年会，便决议设置出版委员会。出版委员会主要负责以下五项工作：

（1）选择拟出版书籍；

（2）决定印量、版式和费用；

（3）校对正在排印书籍；

（4）管理其他赠书；

（5）建议印刷所各相关事项。②

出版委员会由两位宁波布道站的传教士以及印刷所主管三人组成，两名传教士分别担任委员会的秘书与司库。华花圣经书房的管理模式也是决策与经营相分离，"出版委员会"掌握出版印刷的决策权，印刷所主管则负责印刷技术与书房日常事务，华花圣经书房的印刷主管要定期向委员会报告，受委员会监督。但是，与伦敦会墨海书馆的站务委员会不同，华花圣经书房的印刷主管也是出版委员会的成员之一，享有很大权力。但在刚

---

① LMS/CH/SC，5.4.B.，J. chalmers to A. Tidman，Hong Kong，12 January，1855，转引自苏精：《铸以代刻：十九世纪中文印刷变局》，中华书局2018年版。

② BFMPC/MCR/CH，190/2/106，Minutes of the Annual Meeting of the Ningbo Mission，10 September，1845，转引自苏精：《铸以代刻：十九世纪中文印刷变局》，中华书局2018年版。

设置委员会时，作为印刷主管的柯理中文水平不高，也的确需要传教士来承担选书、校对方面的工作。

华花圣经书房主管的职责等到 1859 年《长老会宁波布道站规则》①的发布才有了明文规范，包含以下七项：

（1）维护保管好活字与印刷器材；

（2）管理工匠并拟定其工资与工时；

（3）处理印刷所与铸字房日常事务；

（4）运用印刷所经费；

（5）年度会议时提交印刷所报告；

（6）登记印刷所所有信件内容或摘要、概算、重要记事、通知、年度报告，以及可供了解印刷所运作情形的所有资讯；

（7）编制每年印刷出版目录，包含书名、作者、印量等。

此外，如果是由专业印工担任印刷主管，他还要负责铸造活字、修补改善字模、指导训练华人印工操作印刷设备等工作。

1858 年，姜别利来华并担任华花圣经书房主管。他在给娄睿的信中便对出版委员会这项制度提出了质疑，他觉得为了华花圣经书房的实质利益，印刷主管应该有选择与决定出书的权力。② 这也能反映出在美国长老会下设的印刷所，印刷主管的权力被默认为是比较大的。作为世俗职员的印刷主管能与教会秘书自由通信，这一点便与伦敦会的印刷所很不一样。华花圣经书房存在十五年多的时间里共有五位主任，其中柯理、歌德（Moses S. Coulter）与姜别利三位是非传教士，但他们领取与传教士一样的

---

① BFMPC/MCR/CH, 192/4/239, Regulations of the Presbyterian Mission, Ningbo, 1 October, 1859, 转引自苏精：《铸以代刻：十九世纪中文印刷变局》，中华书局 2018 年版。

② BFMPC/MCR/CH, 199/8/16, William Gamble to W. Lowrie, Ningbo, 15 December, 1858, 转引自苏精：《铸以代刻：十九世纪中文印刷变局》，中华书局 2018 年版。

薪水，其他福利待遇也是一样的。① 伦敦会的英华书院从来没有为柯理争取到过这样的待遇。

通过一个选择印书所用活字的例子，我们也能一窥华花圣经书房主管在印刷所的权力。外国传教部秘书娄睿最喜爱巴黎活字，在给布道站的公函以及给姜别利的信件中也一再提起这副活字，认为巴黎活字最合用。② 但实际用什么活字印书还是由印刷主管或者出版委员会来决定。姜别利认为柏林活字胜于巴黎活字，于是在 1860 年的年报中直接说，柏林活字比巴黎活字的字体更大，而且笔画也更清楚，因此，这年大多数的小册便是用柏林活字印刷的。③

2. 美华书馆的治理结构

1860 年宁波华花圣经书房迁往上海，更名为美华书馆，在治理结构上有一定的延续性，印刷主管的地位比较高，并对印刷事务有很大的决策权。更重要的是，印刷主管的权力在美华书馆进一步加大了。美华书馆不再设置出版委员会，而是由主管姜别利来全权负责经营。"指导工人，给工人发工资，购买材料，发送印刷品，编制财务报表以及与外界的通信联系"④ 都由作为印刷主管的姜别利来负责，印刷主管还独自享有印刷方式与出版内容的决定权。当印刷所有重大事件的时候才由主管向布道站的月度或年度会议提报议决。另外，布道站年度会议也会任命两人，来核查美华书馆的年度经费收支情况，传教士只对印刷主管与印刷所进行监督，并不干预印刷所的印刷及其他事务。

① 苏精：《铸以代刻：十九世纪中文印刷变局》，中华书局 2018 年版。

② BFMPC/MCR/CH，235/79/24，W. Lowrie to Ningbo Mission，New York，17 March 1858，转引自苏精：《铸以代刻：十九世纪中文印刷变局》，中华书局 2018 年版。

③ BFMPC/MCR/CH，199/8/14，Annual Report of the Ningbo Press for 1859-1860，转引自苏精：《铸以代刻：十九世纪中文印刷变局》，中华书局 2018 年版，第 364 页。

④ G. 麦金托什：《美国长老会书馆纪事》，载宋原放主编《中国出版史料（近代部分第一卷）》，山东教育出版社、湖北教育出版社 2004 年版。

第四节

治理结构对教会印刷机构发展的作用

一、传教士对商业印刷的态度

（一）传教士以传教为第一要务

无论是伦敦会还是美国长老会，教会创建印刷所的主要目的都是辅助传教，印刷出版传教读物是教会印刷所的主要任务。那么作为教会在华传教的代理人，传教士也应该把印刷出版当作非盈利的、公益的事业来做，而不是把印刷所作为获取商业利益的工具。从教会的档案资料中能发现事实也的确如此。传教士往往对商业印刷并没有太多热情，接受商业印刷也主要是为传教服务。例如，香港英华书院虽然从事代印业务，但收费极低。在给"圣经公会"与"宗教小册会"印刷时，收费仅为印刷成本再加百分之十的利润。传教士理雅各（James Legge）认为英华书院是传教印刷所，不必计较从"两会"的补助款中获取利润，只要能弥补折旧损耗就行。① 墨海书馆也从事代印业务，但传教士把印刷宗教读物作为最终目标，麦都思（Walter Henry Medhurst）在 1845 年的一封信中就表示"代工印刷的利润，使我们得以定制 25000 个小号的中文金属活字与 1000 个大号活

---

① LMS/CH/SC, 6.4.A., J. Legge to A. Tidman, Hong Kong, 12 January, 1863，转引自苏精：《铸以代刻：十九世纪中文印刷变局》，中华书局 2018 年版。

字，用于印刷传教小册"①。

　　不仅仅是对商业印刷没有太多热情，有的传教士甚至对印刷所自身的利益也可以说是毫不在乎。理雅各便是一个典型的例子，从其将字模卖给上海道台丁日昌这件事中便能看出来。1865 年，负责英华书院的传教士理雅各因健康问题前往日本，在上海停留期间与上海道台丁日昌有些往来，理雅各向丁日昌介绍了自己的《中国经典》一书，同时也介绍了印刷该书的活字。丁日昌对其印刷很是赞赏，便向英华书院约定购买大小两副活字的字模。理雅各自己也很清楚，作为洋务运动的倡导者与执行者，丁日昌只要有意便完全有能力利用字模大量制造活字，成为中国活字的主要供应者，这对英华书院销售活字的生意极为不利。但理雅各认为这是中国官员真心重视西方知识的表现，很愿意冒此风险。② 相比商业利益，理雅各更加乐意看到"在未来的中国，依照我们西方模式运作的印刷所，将扮演一个重要的角色"③。

（二）传教士也能接受商业印刷

　　传教士对商业印刷并不排斥。从印刷所的资金来源中就能发现传教士其实是接受商业印刷的，因为从事商业印刷获得的收入是印刷所很重要的资金来源。同时，其印刷出版的书刊也不仅仅是宗教读物。但是，在苏精利用档案材料与信件对相关史实展开研究之前，这一点长期被史学界以及公众所误解。很多学者认为当时的传教士对商业印刷持排斥与拒绝态度。美国历史学家芮哲非（Christopher A. Reed）在他颇负盛名的《谷腾堡在上

---

　　① LMS/CH/CC, 1.1.C., W. H. Medhurst, W. Lockhart, & W. Fairbrother to A. Tidman, Shanghai, 7 October 1845, 转引自苏精：《铸以代刻：十九世纪中文印刷变局》，中华书局 2018 年版。

　　② LMS/CH/SC, 6.4.E., J. Legge to A. Tidman, Hong Kong, 31 January, 1866, 转引自苏精：《铸以代刻：十九世纪中文印刷变局》，中华书局 2018 年版。

　　③ LMS/CH/SC, 6.4.B., J. Legge to A. Tidman, Hong Kong, 24 February, 1864, 转引自苏精：《铸以代刻：十九世纪中文印刷变局》，中华书局 2018 年版。

海：中国印刷资本业的发展（1876—1937）》一书中便援引了一个例子来说明传教士拒绝商业印刷。1846 年，拥有先进印刷设备的美华书馆（注：此处应为宁波华花圣经书房，1860 年迁往上海之后才改名为美华书馆。这里沿用芮哲非的叫法，下面不再做说明）印刷质量很好，这吸引了当地的一名政府官员，他要求美华书馆为他印一本关于中国历史的书。但是美华书馆拒绝了，"因为这与他们从事非商业性印刷的自我定位不符"①。根据该文中的脚注，芮哲非是参考了 G. 麦金托什（Gilbert Mcintosh）于 1895 年出版的《在华教会书馆》一书。G. 麦金托什在关于这件事的叙述中表示，传教士就这件事进行了开会讨论，有同意也有不同意，最后"虽然大多数人赞成印刷这部著作，但最终还是被取消了"，同时还强调"美华书馆的工作限于传教和慈善工作范围内"②。

苏精利用华花圣经书房的会议记录以及传教士娄理华（W. M. Lowrie）与外国传教部秘书娄睿的信件对此事进行了还原。这位宁波官员请求传教士为他代印一种史书，印数为 50 部。传教士为此召开会议讨论。赞成代印者列出了四个理由：①印刷此书可以改进印刷所的活字；②有助于让中国人更好地了解西式印刷；③若能获得中国官员或学者的赞扬，也能打破一些人所持铅活字印刷不受中国人欢迎的偏见；④并且当时没有重要待印的书，不会妨碍传教工作。反对者列出了三个理由：①此事与传教工作无关；②该书有许多中国寓言，容易让人误会宁波布道站同意这些内容；③代印此书估计需要八个月，期间若有紧急印件会很不方便。讨论后进行投票表决，四人赞同一人反对。最后决定只要该官员愿意照付印资，华花

① ［美］芮哲非：《谷腾堡在上海：中国印刷资本业的发展（1876—1937）》，商务印书馆 2014 年版。
② G. 麦金托什：《美国长老会书馆纪事》（原载《出版史料》1987 年第 4 期），载宋原放主编《中国出版史料（近代部分第一卷）》，山东教育出版社、湖北教育出版社 2004 年版。

圣经书房就会为他印书。[①] 最终没有达成交易，是因为这位宁波官员没有了回音。娄理华认为这位官员也不会真的愿意印，因为按照西式印法只印50部是很不合算的。[②] 因此，这个例子并不能说明传教士拒绝商业印刷。恰恰相反，这表明在不妨碍印刷宗教读物的前提下，传教士是接受商业印刷的。

依据上面的分析，我们能对传教士对商业印刷的态度有一个大致判断，即传教士对商业印刷是既不排斥，也不刻意追求，在不影响传教的前提下，传教士完全能够接受商业印刷。

二、印刷主管对商业印刷的态度

教会印刷所的主管可以分为两类，一类是传教士，另一类是作为世俗职员的专业印工。教会印刷所的主管通常是由专业印工担任的，只有在没有找到合适的专业印工时才会由传教士兼任。因此，我们这里讨论的印刷主管便是特指作为世俗职员的专业印工。

不同于传教士把传教作为第一要务，作为世俗职员的印刷主管最主要的工作就是管理好印刷所。印刷所的日常开销以及工匠的工资也通常由印刷主管负责，相比传教士印刷主管会更加关心印刷所的财务状况。其虽然最终可能也是为了传教，但他会更加欢迎能获取额外收入的商业印刷，也会更加关心印刷所的商业利益。仍以香港英华书院代印"两会"的宗教读物为例。理雅各只在印刷成本上再加收百分之十的利润，而印刷主管黄胜认为10%太低，应该有更合理的利润。1867年传教士滕纳（F. S. Turner）

---

① BFMPC/MCR/CH，190/2/157，Minutes of the Mission Meetings：September 30，1846，转引自苏精：《铸以代刻：十九世纪中文印刷变局》，中华书局2018年版。

② BFMPC/MCR/CH，190/2/144，W. M. Lowrie to W. lowrie，Ningbo，30 May 1846，转引自苏精：《铸以代刻：十九世纪中文印刷变局》，中华书局2018年版。

接替理雅各监督英华书院，黄胜以加收 10% 的利润很难弥补折旧损耗为由建议他提高收费。最后滕纳认同了黄胜的意见，提高了"两会"补助款中加收的百分比。①

在伦敦会与美国长老会的印刷所都做过印刷主管的柯理对商业印刷抱有极大的热情。美国长老会在澳门开设华英校书房的时候，便发现当地英美商人需要印各种商业表单、通告等文件，利润很高。柯理对此很有兴趣，表示后悔没在美国备办足够多的英文印刷符号、界栏、花边等印刷物件带过来，因此他特地列了一长串清单，请娄睿赶紧照购运来。② 负责华英校书房的传教士娄理华对待商业印刷的态度则比较保守，他认为华英校书房毕竟是传教士印刷所，只有在不妨碍印刷传教读物的时候才考虑代工。不过他最后还是让柯理自行决定是否接受上门的生意。③ 到 1845 年 6 月华英校书房离开澳门前，大约半年的时间里，这种收入累计已有 124.5 元。④

另一位重要的印刷主管姜别利也不能免俗。美华书馆在上海也有很多代印的业务，1861 年 6 月姜别利便写信给娄睿，表示手上已经开始累积代印订单，要求娄睿紧急购运英文活字等材料来华，以开展代印工作。他甚至还专门雇用了一名教会学校的毕业生来做英文检字排版的工作。⑤ 不过在 1864 年与 1865 年，美华书馆很多代印的工作停了下来。因为这时期娄

① LMS/CH/SC, 6.5.A., F. S. Turner to J. Mullens, Hong Kong, 28 October 1867，转引自苏精：《铸以代刻：十九世纪中文印刷变局》，中华书局 2018 年版。

② BFMPC/MCR/CH, 189/1/681, R. Cole to W. Lowrie, Macao, 28 November 1844，转引自苏精：《铸以代刻：十九世纪中文印刷变局》，中华书局 2018 年版。

③ BFMPC/MCR/CH, 190/3/1, W. M. Lowrie to W. Lowrie, Macao, 11 January 1845，转引自苏精：《铸以代刻：十九世纪中文印刷变局》，中华书局 2018 年版。

④ BFMPC/MCR/CH, 189/2/47, A. P. Happer, Treasure's Report, Macao, 8 November 1845，转引自苏精：《铸以代刻：十九世纪中文印刷变局》，中华书局 2018 年版。

⑤ BFMPC/MCR/CH, 199/8/无编号, W. Gamble to W. lowrie, Shanghai, 18 June 1861，转引自苏精：《铸以代刻：十九世纪中文印刷变局》，中华书局 2018 年版。

睿督促姜别利早日完成铸造活字以及为圣经公会印刷 7000 部《圣经》的工作。这两件事同时并举，让姜别利无法分心商业印刷。① 铸造活字与印刷《圣经》的工作完成后，美华书馆就恢复了其代印工作，并且代印收入逐年增加，极为可观。1869 年，其商业印刷收入达到 5374.05 元。②

三、治理结构与教会印刷所的发展

通过上面的分析可以得知，传教士与印刷主管在对待商业印刷的态度上存在较大差异，作为世俗职员的印刷主管往往对商业印刷抱有更大的热情，经常需要作为监督者的传教士加以限制。因此，印刷所的治理结构能很大程度地影响整个印刷所对商业印刷的态度，甚至是对商业利益的态度，这种对商业印刷的态度又可能会影响教会印刷所长期的发展与走向。教会印刷所的治理结构影响印刷所自身发展的渠道便是对商业印刷或者商业利益的态度。

（一）伦敦会印刷所

伦敦会印刷所的印刷主管是严格受传教士监督与管理的，印刷出版的对象以及印刷的方式都由传教士决策。因此，伦敦会的印刷所对待商业利益的态度就不可避免地偏保守。香港英华书院与墨海书馆在商业印刷方面的收入较少，对商业利益的态度相对淡漠便也不足为奇。到 19 世纪 60 年代，这两家曾经风光一时，为推动西式印刷技术在中国发展做了很大贡献的印刷所都走向了衰落，甚至关闭，这与它们治理结构导致不重视商业利益的态度不无关系。

---

① BFMPC/MCR/CH, 199/8/55, W. Gamble to W. lowrie, Shanghai, 6 October 1863, 转引自苏精：《铸以代刻：十九世纪中文印刷变局》，中华书局 2018 年版。

② BFMPC/MCR/CH, 195/9/131, Presbyterian Mission Shanghai in a/c Current with the Presbyterian Mission Press for the Year ending Sept. 30, 1869, 转引自苏精：《铸以代刻：十九世纪中文印刷变局》，中华书局 2018 年版。

1. 墨海书馆的衰落与其治理结构

墨海书馆在麦都思与伟烈亚力的经营下，能够自给自足并有盈余。但是麦都思在 1856 年返英并随即去世，接管墨海书馆的传教士慕维廉（W. Muirhead）没有能力也没有意愿维持印刷业务。此时，恰逢墨海书馆的《圣经》供过于求，大量堆积，慕维廉便建议印刷主管伟烈亚力去为圣经公会分发《圣经》。① 伟烈亚力于 1860 年离职，不再担任墨海书馆印刷主管，墨海书馆印刷品的质量与数量也自此急转直下。到 1862 年，墨海书馆虽然拥有三台先进的滚筒印刷机，但是已经停用，被弃置一旁。1865 年慕维廉关闭印刷所，并将滚筒印刷机运回了英国。②

关于墨海书馆衰落的原因，之前的研究者有以下总结。第一，伟烈亚力离开后印刷设备无人管理，又加上美华书馆的竞争，使其失去了设备上的优势；第二，墨海书馆原来的主要业务是为圣经公会印刷《圣经》，而经过几年的突击印刷，《圣经》大量堆积，伟烈亚力回国之前便停止了《圣经》的印刷，墨海书馆也就失去了圣经公会的赞助，业务量和收益大为减少；第三，1860 年之后，墨海书馆不再出版西学书籍，使其影响力下降。③ 由此可知，伟烈亚力离职与获利渠道狭窄是墨海书馆关闭的重要原因。

但据此也可知，墨海书馆衰落更深层次的原因是墨海书馆的治理结构导致经理人作用的缺失以及印刷所对商业利益的淡漠。虽然墨海书馆失去了圣经公会的业务与赞助，但它还拥有先进的印刷技术与设备，也还有上海这个巨大的商业印刷市场，可惜墨海书馆缺乏这方面的意愿。伟烈亚力

① LMS/CH/CC, 2.2.A., W. Muirhead to A. Tidman, Shanghai, 1 April 1858，转引自苏精：《铸以代刻：十九世纪中文印刷变局》，中华书局 2018 年版。

② BFMPC/MCR/CH, 196/7/210, W. Gamble to W. lowrie, Shanghai, 8 November 1865，转引自苏精：《铸以代刻：十九世纪中文印刷变局》，中华书局 2018 年版。

③ 叶斌：《上海墨海书馆的运作及其衰落》，《学术月刊》1999 年第 11 期。

离职也主要是因为他作为印刷主管没有实权，很大程度上要受传教士支配。另外，没有商业利益的激励，印刷所的经营状况很大程度上取决于传教士对印刷出版事业的意愿与能力，而接手墨海书馆的慕维廉恰好两者都没有，印刷主管伟烈亚力最终还被慕维廉支走，墨海书馆便不可避免地走向了衰落。

2. 英华书院的关闭与其治理结构

墨海书馆关闭后，英华书院便成为伦敦会在华的最后一个印刷机构。但伦敦会最终还是在 1873 年将其整体出售给了尚在筹组中的中华印务总局。① 伦敦会从此结束了在华多年的中文印刷事业。英华书院一向以铸字为主，印刷为辅。1865 年美华书馆电镀造铸字完成之后，无论是技术还是成本都要优于英华书院，美华书馆的竞争是英华书院衰落的一个外因。

不过，英华书院的治理结构使其不注重商业利益，从而导致长年亏损是其被出售的更为重要的原因。如前所述，英华书院一向不太注重商业利益，在理雅各负责监督的时期尤其如此，而伦敦会对英华书院盈亏的态度却比较功利。这与英华书院以铸字为主，没有达成教会印刷更多宗教读物的目标有关。1851 年之前，香港英华书院为了铸造柯理活字，投入经费很多，支出远大于收入，例如，1849 年的收入为 353.65 元，支出却高达 2055.58 元。② 同时，英华书院印刷《圣经》的成本也比较大，伦敦会对此极为不满。1854 年管理英华书院的传教士湛约翰（J. Chalmers）向伦敦会申请拨款新建书院房舍及添置印刷机，但遭到拒绝，伦敦会秘书梯德曼（A. Tidman）还不客气地说没有任何正面理由继续经营英华书院，甚至会

<hr />

① LMS/CH/SC., 7. 3. A., E. J. Eitel to J. Mullens, Hong Kong, 28 January 1873, 转引自苏精：《铸以代刻：十九世纪中文印刷变局》，中华书局 2018 年版。

② LMS/CH/SC., 5. 1. C., J. Legge to A. Tidman, Hong Kong, 28 January 1850, 转引自苏精：《铸以代刻：十九世纪中文印刷变局》，中华书局 2018 年版。

考虑将其转移到上海。① 后来，英华书院因为销售活字而转亏为盈，伦敦会也没有再指责过英华书院，新建印刷所的请求也于 1858 年获得理事会批准。② 1867 年之后，英华书院的活字销售竞争不过上海美华书馆，又开始连年亏损。伦敦会将其视为一个沉重的负担，最终决定将其出售。③ 美华书馆之所以能短时间内在铸造活字方面超越英华书院，一个重要原因是姜别利购买了英华书院的小活字，然后利用电镀法翻铸了整副字模，这项工作于 1863 年在上海完成。④ 姜别利在向英华书院购买这副小活字的时候，一字只买一个活字，这种买法不可能是用于印刷，显然是另有目的。毫不关心商业利益，也不关心印刷所长远发展的理雅各接受了这笔交易。⑤

与墨海书馆一样，治理结构造成的经理人缺位以及整个印刷所对商业利益的淡漠是英华书院衰落的重要原因。不完善的治理结构使印刷所既未能很好地完成教会印刷宗教读物的目标，也没能让企业得到成长。

（二）美国长老会印刷所

在美国长老会的印刷所，印刷主管的权力较大、地位较高，对印刷方式与印刷对象有一定的决定权。从前面关于印刷主管对商业印刷态度的讨论中也能发现，美国长老会的印刷主管若要从事商业印刷，传教士一般也不会多加干涉，只是有时会强调印刷所作为教会印刷所的身份，并提醒印刷主管不要妨碍宗教读物的印刷。因此，美国长老会的印刷所相对于伦敦

---

① LMS/CH/GE/OL, A. Tidman to J. Chalmers, London, 23 October, 1854, 转引自苏精：《铸以代刻：十九世纪中文印刷变局》，中华书局 2018 年版。

② LMS/BM, 12 July 1858, 转引自苏精：《铸以代刻：十九世纪中文印刷变局》，中华书局 2018 年版。

③ LMS/CH/GE/OL, J. Mullens to J. Legge, London, 27 March, 1872, 转引自苏精：《铸以代刻：十九世纪中文印刷变局》，中华书局 2018 年版。

④ BFMPC/MCR/CH, 199/8/54, Annual Report foe the Year ending October 1, 1863, 转引自苏精：《铸以代刻：十九世纪中文印刷变局》，中华书局 2018 年版。

⑤ BFMPC/MCR/CH, 199/8/20, W. Gamble to Lowrie, Ningpo, 14 March 1859, 转引自苏精：《铸以代刻：十九世纪中文印刷变局》，中华书局 2018 年版。

会的印刷所更欢迎商业印刷，对商业利益也更加注重。

1. 美华书馆的商业印刷

美华书馆将商业印刷制度化，使其成为书馆的常规业务。在 1862 年 9 月上海布道站举行的年度会议上，传教士一致通过了作为美华书馆规则的四项决议：

（1）上海布道站有责任印刷执行委员会指示付印的任何印件；

（2）本传教会其他布道站要求印刷的任何印件，只要情况许可，上海布道站都有责任为其印刷；

（3）上海布道站可为其他教会的布道站印刷如同前条情况的印件；

（4）上海布道站可自由印刷本站认为无损于传教的任何英文、中文或者日文的代工印件。①

其中第四条便规定了，只要不影响传教，美华书馆便可以自由接受任何代印工作。从此，商业印刷便成为美华书馆一项重要的资金来源。1865 年活字铸造完成后，活字的销售所得又成为其另一项重要的自营收入（见表 4-3）。

表 4-3　1862~1869 年美华书馆商业印刷与出售活字收入　　单位：元

年度	代印业务收入	出售活字收入
1862	673.05	—
1863	2780.07	—
1864	328	—
1865	675.5	681.12
1866	1123.7	403.85
1867	4240.51	1357.69

① BFMPC/MCR/CH, 191A/5/272, Annual Report of the Twelfth Annual Meeting of the Shanghai Mission of American Presbyterian Board, September 30, 1862, 转引自苏精：《铸以代刻：十九世纪中文印刷变局》，中华书局 2018 年版。

续表

年度	代印业务收入	出售活字收入
1868	5187.92	2354.44
1869	5374.05	5992.11

注：美华书馆的活字销售从 1865 年才开始。

资料来源：美华书馆各年年度报告，转引自苏精《铸以代刻：十九世纪中文印刷变局》，中华书局 2018 年版，第 456-458 页。

2. 美华书馆的成功与其治理结构

美华书馆在 19 世纪 60 年代取代墨海书馆成为中国规模最大也最具影响力的教会印刷所。美华书馆的成功，姜别利研发出更先进的电镀法铸字技术功不可没。电镀法铸字使美华书馆在中文活字铸造方面长期处于领先地位，也使美华书馆成为这一时期中文活字的主要供应者。不过，美华书馆赋予印刷主管实权的治理结构在其中的作用不容忽视。一方面，作为拥有实权的印刷主管，姜别利促使商业印刷成为美华书馆的常规业务，并将其制度化，使其成为美华书馆一项持续且稳定的收入来源，为其后续的发展提供了资金保障；另一方面，姜别利在 1858 年刚担任宁波华花圣经书房印刷主管的时候，便对印刷所进行了一系列的制度革新，例如将工资从按月支领改为按件计酬，[1] 还设立了夜间加班到十点的制度。这些举措调动了工人的积极性，也提高了印刷机器的利用效率。[2] 这些制度一直延续到了上海的美华书馆。姜别利于 1869 年离开美华书馆后，无论后来的印刷主管是由传教士兼任还是聘用了专业印工，都保留了其设立的管理制度并从事商业印刷。

印刷主管姜别利离任后，美华书馆的发展并没有停步。在后来的很多

---

① BFMPC/MCR/CH, 199/8/20, W. Gamble to Lowrie, Ningbo, 11 October 1858, 转引自苏精：《铸以代刻：十九世纪中文印刷变局》，中华书局 2018 年版。

② BFMPC/MCR/CH, 199/8/23, W. Gamble to Lowrie, Ningbo, 31 August 1859, 转引自苏精：《铸以代刻：十九世纪中文印刷变局》，中华书局 2018 年版。

年，美华书馆一直都是中国印刷出版业的领先者。19 世纪末，美华书馆在其发展的高峰期曾雇有 200 余名中国工人，每年的印刷量高达 2 亿多页。[①] 这种领先地位一直持续到商务印书馆的成立，而商务印书馆的几位创始人又都曾经是美华书馆的职工，在美华书馆学习印刷技术。[②] 美华书馆在自身快速发展的同时，也极大地促进了中国印刷技术的发展与进步。

由此可知，美华书馆既满足了投资人（教会）印刷宗教读物的目标，同时也使企业健康成长，并对中国印刷技术的传播与发展产生了持续的影响力，完善合理的治理结构功不可没。

第五节
教会印刷所及其治理结构对印刷技术
传播影响的分析

19 世纪初至 19 世纪 70 年代，推动西式印刷技术在中国传播与发展的主要力量是传教士以及教会创办的印刷所。传教士与教会印刷所在西式印刷技术传播过程中发挥了重大作用，通过对教会印刷所以及其治理结构的考察，我们对教会印刷所的发展及其对印刷技术传播的影响有了新的发现。现加以简要概括和分析。

首先，教会设立印刷所的目的是辅助传教，但也间接推动了中国新式印刷技术的引介与传播。

---

① 胡远杰、景智宇：《中西文化交流的桥梁——美华书馆》，《档案与史学》2003 年第 3 期。
② 王云五：《商务印书馆与新教育年谱》，江西教育出版社 2008 年版。

通过第一章对西式印刷技术传播的介绍以及本章对教会印刷所的研究可知，教会印刷所利用其资本在"量"上的优势，为推动新式印刷技术在中国的传播与发展做了很大贡献。这些贡献主要表现在以下几个方面：第一，为了更快捷、方便地印刷传教读物，教会资助了中文活字的研发与铸造，这些活字后来在中国广为传播与应用；第二，为了更高效地印制传教读物，不断运送先进的印刷设备与技术人员来华，这些高效率的设备给当时的中国人带来了很大震撼；第三，除了印刷宗教读物，教会印刷所还印刷出版了许多科学、历史、文化、地理等书刊，让对此有兴趣的中国人更直观地了解了西式印刷技术的优越性①；第四，教会印刷所培养了很多印刷人才，其中的一些人后来成为中国新式印刷出版行业的中坚力量。

西式印刷技术的投入极高，中文活字的改良与铸造，以及先进印刷设备的引入都需要大量的资金，教会的资本在这一时期印刷技术的发展中发挥了至关重要的作用。

其次，教会印刷所的治理结构影响自身发展及技术传播的机制对商业利益的态度，商业利益的激励对印刷技术的传播意义重大。

将印刷所类比为公司进行考察，教会是印刷所的投资人，布道站的传教士相当于董事会或者监事会，印刷主管则相当于经理人。不过与一般的公司不同，教会是以印刷传教读物为第一目标。教会、传教士与印刷主管三者之间的关系便构成了印刷所的治理结构。印刷所的治理结构决定了作为经理人的印刷主管的权力与地位，这种治理结构进而影响到整个印刷所对待商业印刷与商业利益的态度。伦敦会印刷所的印刷主管的地位较低，传教士对印刷所有绝对的控制权，印刷所对待商业利益比较淡漠。美国长

---

① 例如，理雅各通过其译著的《中国经典》向丁日昌推荐英华书院的活字。

老会印刷所中印刷主管的地位和权力比较大，使印刷所对商业利益也比较注重。这种差异最终对印刷所的走向以及其在中国印刷技术传播中的作用与地位产生了影响。商业利益的激励促使美国长老会的印刷所得到长期发展，其直接影响力一直持续到 20 世纪初，而早期作为西式印刷技术示范的墨海书馆与英华书院在 19 世纪 60 年代纷纷衰落倒闭。

这种治理机制导致的结果说明了，信仰能带来技术，但技术的推广需要金钱的激励。教会印刷所在不妨碍传教的前提下从事商业印刷，商业活动为印刷所带来可观的收入，为其扩大规模、更新技术提供了资金保障。商业活动的资金保障也有利于印刷所持续保持并扩大其在新技术方面的影响力，以及培养更多人才，使印刷技术在中国的传播保持长久的活力。在中文活字的推广方面，商业利益也促使印刷所铸造更多活字，从而推广了新式印刷技术的应用。

当然，我们也不能忽视一些传教士不在乎商业利益，只为推进印刷技术扩散的行为，虽然不可持续，但他们同样也为西式印刷技术在中国的传播做了很大贡献。例如，香港英华书院的理雅各向公众甚至竞争对手出售字模，促进了中文活字的改进与传播。

第六节

小结

本书通过对教会印刷所治理结构以及其对印刷技术传播影响的考察，发现教会印刷所的治理结构不仅对股东目标的完成以及企业自身的发展有很大影响，而且在中国印刷技术的传播中也起了不可忽视的作用。通过本章的研究，得到以下几点结论与启示：

（1）伦敦会印刷所与美国长老会印刷所最终的走向与治理结构有很大的关系，并对印刷技术在中国的传播造成了影响。两者治理结构的差异在于经理人的权力与地位，这在某种程度上也验证了布莱尔的观点。布莱尔认为要解决公司治理问题，相比授予股东过多的控制权，赋予经理人及其他利益相关者更多的决策权与控制权会更有利。① 需要说明的是，本章教会印刷所的案例比较特殊，其他正常企业的投资人一般都会关注商业利益。本章要强调的是作为衡量资本质量的指标，企业的治理结构十分重要，控制权的分配只是一方面，关键是要协调好投资者与经理人的关系。

（2）教会印刷所治理结构影响企业发展的机制是对商业利益的态度。教会印刷所的主要目的是辅助传教，但商业印刷能为其持续发展提供保障，最后也保证了投资者（教会）印刷宗教读物目标的完成。商业利益的激励作用在任何时候都不可忽视。

（3）正因为企业治理结构的重要性，基于资本视角的研究不仅要关心资本的"量"，更要注重资本的"质"。因此，资本的组织形式以及企业的治理结构都是本书研究所关注的，后面的章节将重点关注股份公司的发展状况以及公司治理的完善程度。

---

① ［美］布莱尔：《所有权与控制：面向 21 世纪的公司治理探索》，中国社会科学出版社 1999 年版。

早期企业制度与石印技术的发展

19世纪70年代，西式印刷技术在中国进入发展与本土化时期。在这一时期，中国的印刷出版商取代传教士成为西式印刷技术在华传播的主力，商业利润也成为这时期最重要的驱动力量，西式印刷技术中的石印取代中国传统的雕版印刷成为中文印刷的主流。同时，股份公司也在这一时期作为筹集资本的手段出现，印刷出版商能以公司的形式筹集更多的资金，利用西式印刷术进行工业化生产。但是此时的股份公司与传统的合伙企业在组织形式与企业管理上并无明显区别，利用股份制公司或者合伙的形式筹集资本而成的大型石印书局虽然为推广石印技术做了很大贡献，但存续时间大都不长，很多在石印业发展的兴盛阶段便纷纷衰落关闭，这是本章关注的问题，笔者将从资本的"量"与"质"两方面对此问题展开研究。

第一节
中国早期的股份公司制度

一、中国股份公司制度的开端

近代，西方的坚船利炮打开了中国的大门，西方的各种物质、技术涌进中国，随之而来的还有股份公司这种制度。中国学习西方成立公司的主要目的是筹集资金，作扩大规模之用，因为"知西人之经营恢廓，资本巨万者，大都皆系集公司，纠股分而成，以千万之财力聚于一处，经之营之，自与一人一家之力大相径庭。华人见而羡之，遂从而效法之"[①]。

19 世纪 60 年代至 90 年代，洋务运动以"自强""求富"为目标，开始大力引进西方军事装备、生产机器与科学技术，"公司"这一制度也在此时传入中国。1872 年，中国"仿西方公司之例"建立了第一家股份制公司——轮船招商局，《申报》评论称"今日中国所设立之轮船招商局，公司也，此局为中国公司创始之举"[②]。之后，洋务官员采用公司的形式创办了多家民用企业，商人投资于股份公司的热情也大涨。第一批新式企业即官督商办企业由此产生，如《申报》所言：

近来自各国通商以后，风气渐开，亦有仿西人之法者，然犹不概见也。自招商局开之于先，招集商股创成大业，各商人亦踊跃争先，竞投股

---

① 《中西公司异同续说》，《申报》1883 年 12 月 31 日第 1 版。
② 《阅轮船招商局第二年账略书后》，《申报》1875 年 9 月 7 日第 1 版。

分。自是而后，百废俱兴。仁和保险公司即相继而起，获利亦颇不赀，投股益加众多。至今日而开平煤矿、平泉铜矿、济和保险、机器织布、与夫纸作、牛乳、长乐之铜矿、津沪之电线、点铜矿，无不竞为举办，蒸蒸然有日上之势。①

当时，采用公司制的主要目的是筹募资本，以增强经营实力，利于同洋商进行商战。② 此时的有识之士对公司制度的认识也主要是其具有提升公司的竞争能力与集资的功能。例如，王韬认为，"动集数千百人为公司，其财充裕，其力无不足"③。马建忠认为，"外洋商务制胜之道在于公司，凡有大兴作、大贸易，必纠集散股，厚其资本"，并建议中国也要"以散商股归并为数大公司"④。

洋务运动时期，在"实业救国"风潮的推动下，除了官督商办企业，其他私营的民族企业也在兴起，其中很多采用了公司的形式。据杜恂诚统计，1882 年公司发展呈现出了一个小高潮，设立的资本额在 1 万元以上的本国民用工矿企业有 11 家，资本额为 277.8 万元，1889 年有 12 家，资本额达 919 万元，当中几年的企业数量与资本额都还在波动，但从 1891 年开始，企业创办数量及投资额均呈现持续增长的势头。⑤

二、早期股份制公司存在的问题

（一）法人资格不健全

虽然这一时期公司在中国诞生并得以发展，但是清政府缺乏相应的法律规范，公司治理也很不完善。中国第一部公司法《公司律》在 1904 年

---

① 《劝华人集股说》，《申报》1882 年 6 月 13 日第 1 版。

② 李玉：《晚清公司制度建设研究》，人民出版社 2002 年版。

③ 王韬：《弢园文录外编》卷十《代上广州府冯太守书》，上海书店出版社 2002 年版。

④ 马建忠：《适可斋记言》卷一《富民说》，光绪二十二年刻本。

⑤ 杜恂诚：《民族资本主义与旧中国政府（1840—1937）》，上海社会科学出版社 1991 年版。

才颁布。在此之前，股份公司在公司章程实行、法人治理方面都还很不成熟，公司的经营治理经常处于一种无"法"可依的状态。据李玉的研究，洋务运动时期的民用企业仅"股份均一"这点符合公司的特征，其他如账目公布、股息分配、股权运作与经营管理方面都距近代公司制度的要求甚远。另外，深层次的问题便是法人资格不健全。① 在北京政府于 1914 年颁布《公司条例》明确规定公司的法人地位之前，公司的法人地位一直没有得到法律的保障，这也是这一时期中国公司的一大通病。公司若不能财产独立，以法人资格享受权益，承担责任，就很容易受经营者或者股东个人因素的影响，承受风险的能力便很弱。

法人资格的欠缺也是公司治理不健全的深层次原因。因为公司若没有独立的财产权，没有相应的法律保障，大股东与经理人容易把公司财产作为个人财产来控制与处理，同时对经理人的监督与约束也缺乏相应的法理依据，公司治理便成了很大的问题。

（二）公司治理不完善

当时，有识之士对公司治理的不完善也有所认识。1883 年 12 月，《申报》连续发表了两篇讨论中西公司异同的文章，对当时中国公司存在的问题与弊端进行了披露。对这两篇文章进行解读有助于研究者对当时公司制度的不成熟以及公司治理的不完善有更直观的了解。

其中一篇文章指出，虽然"中国人初仿泰西而为公司，其招股分、立董事、拟章程，一切亦皆与泰西仿佛"②，然而在行使章程、开会议事的时候却全然不同。"泰西规例，则不过约定时日，约定地方，届期毕集，取公司应办之事与众共议，可者可、否者否，一一登诸簿上，议毕而散，并

---

① 李玉：《晚清公司制度建设研究》，人民出版社 2002 年版。
② 《中西公司异同说》，《申报》1883 年 12 月 25 日第 1 版。

一茶亦不备，无论他矣"①，而中国的公司则是"届时众至，相待如客，公事未说，先排筵席，更有雅兴召妓侍侧，拇战喧呶，杯盘狼藉，主宾欢然，其乐无极；迨至既醉既饱，然后以所议之事出以相示，其实则所议早已拟定，笔之于书，特令众人略一过目而已。原拟以为可者，无人焉否之，原拟为否者，无人焉可之。此一会也，殊属可有可无，于公司之事绝无裨益"②。这反映出这时期的公司治理极不规范，股东通过股东大会对公司决策与经营的监督往往流于形式。

在另一篇文章中，作者指出中国的公司往往在制定与遵守章程时权衡对自身的利弊，如果有利无弊则"仿而行之，循而守之"③，若"其有不便于华人者，稍稍斟酌，而损益之固其所也"④，导致"泰西公司之帐公而显，中国公司之帐私而隐"⑤，常常使"股友但知其集股所收之数，不知其支用之数"⑥。如果股东的权益不能得到有效保障，甚至连知情权都没能保障，那么对公司后续的招股与发展是极为不利的。

三、早期股份制公司与石印业

通过第二章对石印技术特点的介绍可知，石印初始投入很高，但投入生产之后边际成本很低、生产效率高，并且由于举业及古籍复制的需求，市场前景也相当广阔。因此，若能筹集足够资金来投资石印，收益会相当可观。虽然当时中国的公司制度还不成熟，有许多问题，但股份制在筹集资金方面有很大的优势，能为石印书局的开创与发展提供资金的便利，为石印书局壮大规模提供条件。这一时期，股份制为推动石印业进行工业化生产发挥了很大的作用。对于新式的石印书局，股份制有两个明显的优点。其一，可以利用股息刺激人们投资，以筹集资本；其二，

---

①② 《中西公司异同说》，《申报》1883 年 12 月 25 日第 1 版。
③④⑤⑥ 《中西公司异同续说》，《申报》1883 年 12 月 31 日第 1 版。

股份是投资者的一种投资，不需要偿还，从而有利于企业的长期发展。在这些优点的吸引下，一些石印出版商主动采用股份公司的形式来筹集资本。

这时期股份制的局限性也在石印业得到体现。大股东可以随意干预公司财产，以及经营者的经营决策不受监督，都使普通股东的权利难以保障。股东权益得不保障会影响公司后续的资金筹集，同时也会降低公司承受市场风险的能力，影响其发展与存续。在石印出版商设立的公司中，这样的例子并不少见。另外，此时一些"集股而成"的公司的股东也多是大股东身边熟识的人，在管理上也直接受大股东的影响，与传统的合伙制企业并无实质区别。

第二节
石印书局的兴起及经营

19 世纪 70 年代后成立的石印书局众多，数量难以统计。单上海在1876 年至 1905 年便至少存在 149 家石印商。① 依据资本与规模的大小，本书将这些石印书局大致分为大型石印书局与中小型石印书局两类，然后选取各自具有代表性的书局对其经营与发展的情况加以介绍，并据此分析资本促进石印技术在中国推广的渠道与机制。

---

① ［美］芮哲非：《谷腾堡在上海：中国印刷资本业的发展（1876—1937）》，商务印书馆2014 年版。

一、石印书局的兴起

（一）石印书局发展概况

石印有灵活、快捷、廉价、效果好等诸多优点，方便复制文献的技术特点使其在翻印举业用书与典籍方面很有优势，又恰逢翻印典籍的市场需求兴旺，石印行业盈利前景喜人。1879 年《申报》老板英国商人美查（Ernest Major）在上海创办了点石斋石印书局，是上海最早的商业石印书局。点石斋石印书局成立后，专门聘请国内石印专家邱子昂担任石印技师，随后采用照相石印术，影印和缩印了大量古籍，其中《康熙字典》尤为成功，第一批印四万部，几个月就销售一空，第二批六万部也是不出数月便售罄。[①]

在点石斋获利颇丰的激励下，著名的买办商人徐润也察觉到了其中的商机。1882 年，徐润"从弟秋畦、宏甫集股创办同文书局，余力赞成，并附股焉"[②]。1883 年其集股创办的上海同文书局便在《申报》刊登广告，开始营业。之后四年，《申报》广告中的石印书籍均出自于点石斋和同文书局，除了一些书局代销这两家书局的石印书籍，鲜有其他石印书局。

1887 年，上海涌现了一大批石印商。例如，扫叶山房、醉六堂、文瑞楼、文玉山房等传统雕版印刷出版商增开了石印业务，蜚英馆、鸿文书局、龙文石印书局等石印书局相继开设。随后，武昌、苏州、宁波、杭州、广东等地也陆续开办了石印书局，但出版作品都不如上海精美。[③] 19 世纪末，上海富文阁、五彩画印有限公司、藻文书局、宏文书局等石印书局采用五彩石印术，使印刷技术进一步发展。

---

① 姚公鹤：《上海闲话》，上海古籍出版社 1989 年版。

② 徐润：《徐愚斋自叙年谱》，江西人民出版社 2012 年版。

③ 贺圣鼎：《三十五年来中国之印刷术》，载张静庐辑注《中国近代出版史料初编》，中华书局 1957 年版。

（二）石印设备的发展与石印书局的兴起

石印书局在 1887 年如雨后春笋般成立，这与技术机器的改进以及其可获得性增加有很大关系。

在使用西式技术工业化印刷生产之前，中国印刷的主要形式是家庭作坊式的坊刻，大多数刻坊规模不大、成本也相对较低。要从国外引入新式的石印设备需要的资本很多。中国首次"在泰西购得新式石印机器"① 用作商业印刷的点石斋由申报馆老板美查设立，申报馆在当时作为一家已经营六年且颇为成功的外资合伙公司，资本雄厚，引入石印设备自不在话下。创设同文书局的徐润是中国著名的买办资本家，在其与唐廷枢等人的主持下，轮船招商局率先使用股份制的形式，开创性地向民间发行股票筹集资本。他以自己的能力与经验同样采用集股的形式筹集资本设立了同文书局，从而有足够的资金实力"购备石印机十二架，雇用职工五百名"②。

1886 年之前，中国石印商使用的石印机不但购买成本高，而且使用不方便，使用成本也不低。例如，点石斋最早使用的是轮转石印机（见图5-1），这种石印机仍需人力手工摇动，需每机八人，分作两班，轮流摇机。一人续纸，二人接纸，效率也比较低，每小时只能印数百张。③

除了大型石印书局，其他印刷出版商鲜有购买与使用石印机器的资本实力，便只好先处于观望状态，或者代理分销点石斋与同文书局的石印书籍。④ 除了资本的原因，购买石印机器的渠道也是影响石印书局设立的重

---

①　《楹联出售》，《申报》1878 年版 12 月 30 日第 1 版。

②　贺圣鼐：《三十五年来中国之印刷术》，载张静庐辑注《中国近代出版史料初编》，中华书局 1957 年版。

③　许静波：《石头记：上海近代石印书业研究 1843—1956》，苏州大学出版社 2014 年版，第48 页。

④　翻阅《申报》，能发现 1883 年至 1886 年文海堂、抱芳阁等书局有分销过同文书局的石印书籍。

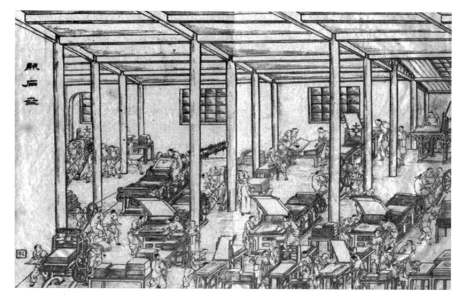

图 5-1　点石斋石印车间

资料来源：吴友如 1884 年创作的《申江胜景图》，描绘了点石斋手轮印刷机书写、切纸、手摇印刷等工序。

要因素，这本身也可以理解为是资本的问题，因为有了足够的资金便也能直接从国外购买设备。渠道的困境一直持续到 1886 年，曾协助同文书局向英国购买印刷设备的麦利洋行于这年的 8 月开始在《申报》刊发广告，代理销售英国厂商"许士耿博"生产的石印机器，广告全文如下：

启者英国名厂许士耿博，专制各种石印书画机器，工精料坚，灵巧无匹，向托小行在中国经理专办，历承同文等各书局定购，俱各合式无误。现在该厂制造益精，新出汽机印架，可装置煤气火力，一日能印七千余张，较之旧式，不啻事半功倍。所有印书油墨，照相药水，一切应需之物，均可随时定寄，限期到货。倘荷仕商赐顾，请至小行面议可也，寓上海外洋泾桥北堍大英医院内，麦利洋行谨启。①

---

① 《石印书画机器出售》，《申报》1886 年 8 月 25 日第 10 版。

麦利洋行代理销售的这种石印书画机器（见图 5-2）使用了蒸汽动力，效率进一步提升，一日能印七千余张。为避免被仿冒，麦利洋行还"禀请国家颁给凭照，准做五十年，期内如有仿作者，随时控请重罚"①。石印机器的可得性提高在一定程度上也降低了初始的投入成本，之后，在利益的刺激下，中国的石印业尤其是上海的石印业进入快速发展阶段。

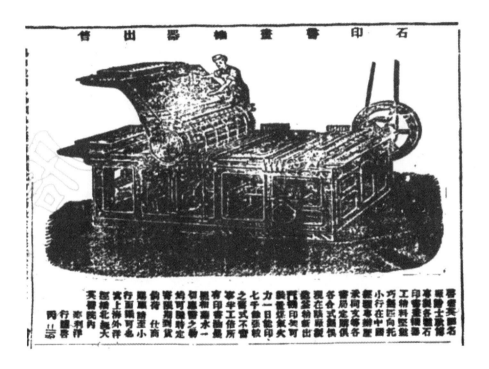

图 5-2　1886 年上海麦利洋行石印机器广告
资料来源：《石印书画机器出售》，《申报》1886 年 8 月 25 日第 10 版。

---

　　①《石印机器声明》，《申报》1887 年 2 月 9 日第 5 版。

二、大型石印书局的经营与发展

（一）大型石印书局概况

新设的大型石印书局往往资本雄厚，大量购入先进的蒸汽动力石印设备，开设印刷工厂进行大规模生产，主要有同文书局、拜石山房、龙文石印书局、蜚英馆、五彩画印有限公司等。这类书局大都采用了公司集股的形式筹集资金。同文书局由徐润与其兄弟集股创办，创办于 1890 年的五彩画印有限公司"是一家规模较大的股份制公司，共集资本银五万两"①。其中也有少数资本雄厚的富商与士人，能凭借个人的财力与藏书独资经营大型石印书局，例如创办蜚英馆的李盛铎出身官宦世家，家境殷实，利用自家收藏的典籍开展石印事业。

大型石印书局可谓是国内石印技术的引领者。它们积极引入先进技术，印刷作品的标准也颇高。其印刷作品深受顾客喜爱，吸引了大量读者。如《申报》在 1887 年有文章写道：

石印书籍肇自泰西，自英商美查就沪上开点石斋，见者悉惊奇赞叹。既而宁、粤各商仿效其法，争相开设，而所印各书无不钩心斗角、各炫所长，大都字迹虽细，若蚕丝，无不明同犀理，其装潢之古雅，校对之精良更不待言。诚书城之奇观，文林之盛事也。②

这里说的宁、粤各商是指徐润创办的同文书局，以及宁波人办的拜石山房。关于拜石山房，其在石印史上的地位很高，但留下的史料极少，姚公鹤有提到"宁人则有拜石山房之开设。当时石印书局三家鼎立，盛极一时"③，《申报》中也有少量提及，其他便难以寻到相关

---

① 潘建国：《晚清上海五彩石印考》，《上海师范大学学报（哲学社会科学版）》2001 年第 1 期。

② 《秘探石室》，《申报》1887 年 2 月 5 日第 4 版。

③ 姚公鹤：《上海闲话》，上海古籍出版社 1989 年版。

信息。

（二）大型石印书局的工业化生产

大型石印书局资本雄厚，颇具规模，开展组织严密的工业化生产。由于相关资料缺乏，很难找到当时大型石印书局生产盛况的原始资料。不过《申报》的一些报道能为考察石印业的工业化生产提供一些线索。

同文书局是当时规模较大的石印书局，成立之初便购买了 12 台石印机器，并雇用了 500 多名工人。① 《申报》的一篇报道对其厂房及布局有记载：

> 其屋皆仿西式，坚牢巩固，四面缭以围墙，中有帐房、提调房、校对房、描字房、书栈房、照相房、落石房、水房印、书房、火机房，秩然并然，有条不紊。②

通过厂房与生产车间的布局可知，同文书局的工厂规模颇大，生产也富有组织性，各部门之间分工协作，秩然井然，有条不紊。这种精细的分工合作类似于现代的劳动分工，是以往中国传统刻坊所不具备的。这是向西方学习借鉴的结果，也是当时石印业工业化生产的一个缩影。

李盛铎创办的蜚英馆也是一家资本雄厚的大型石印书局。蜚英馆也同样规模庞大、组织分工严密，《申报》对其有专门的介绍，我们也能从这则报道一窥当时一个大规模的石印书局大概的组织设置：

> 近又有殷商某君出资甚巨，向外洋购定印书火轮机十数张。择定英会审署前，朝北旧房数十幢。不日兴工重新改造，屋峻墙高，一如西式，额曰蜚英馆。内拟建东西互对楼房若干幢，分设总帐房、会客厅、总校处、

---

① 贺圣鼎：《三十五年来中国之印刷术》，载张静庐辑注《中国近代出版史料初编》，中华书局 1957 年版。

② 《书局火灾》，《申报》1893 年 6 月 29 日第 3 版。

绘图处、裱书处、钞书处、画格处、描字处以及照相房、火轮印栈房、印稿房、校书房、磨石处、积书处、堆纸处、装订处，门分户别，井井有条。①

其中"殷商某君"指的便是李盛铎。他的蜚英馆规模庞大，蒸汽动力的印刷机便有十多台，还用西式的设计来建造厂房，房数达数十幢。馆内有近20个处所，每个处所都有专门用途。可见，其内部有细致的组织分工，绘图、裱书、钞书、画格、描字、印稿、校书、磨石、装订等工作都由各处所各司其职，互相协作完成，书籍的出版印刷在这样的工业化生产过程中得以实现。

观察同文书局与蜚英馆的组织结构，还能发现另外一个特点，编辑与印刷生产是整合在一处的。这与受中国传统刻坊的影响有关，"我国习惯，对于出版业和印刷业，向来界限不分"②，印刷与出版业务整合到一起是"中国印刷资本主义的一个永恒特征"③。

（三）大型石印书局的后续发展

不过，遗憾的是这些大型石印书局的营业时间都不太长。同文书局于1897年停印关闭。1889年，李盛铎考中进士入京做官，蜚英馆也随之关门歇业。④ 创建不到四年，五彩画印公司也不知何故于1894年左右歇业。这些资本雄厚、实力强劲的大型书局均未能长期存续、基业长青着实令人遗憾，也让人疑惑不已。本章的下一节将以同文书局为例对此加以探讨。

① 《秘探石室》，《申报》1887年2月5日第4版。

② 陆费逵：《六十年来中国之出版业与印刷业》，《申报》1932年7月15日第1版。

③ ［美］芮哲非：《谷腾堡在上海：中国印刷资本业的发展（1876—1937）》，商务印书馆2014年版。

④ 《李盛铎赴考》，《北华捷报》1889年6月1日，转引自宋原放《中国出版史料（近代部分第三卷）》，湖北教育出版社、山东教育出版社2004年版。

三、中小型石印书局的经营与发展

（一）中小型石印书局发展概况

除了大型石印书局，1887年之后还有不少中小型石印书局落成，譬如鸿宝斋石印书局、章福记书局等，这些新设书局规模较小，多为独资或者合伙经营。此外，一些小资本运作的传统刻坊被石印的利润吸引，也陆续加入石印行业。比如，扫叶山房、文玉山房、还读楼、醉六堂等。传统书坊之前多是手工作坊，资本一般也不大。这些书坊之前主要出版和发售刻本的举业用书，或者医书等子部书籍。石印兴起之后，这些书局开始发售石印书籍，或石以代刻，改用石印机器来印刷书籍。中小型石印书局以及由刻坊转型而来的书局的资本大都比较少，生产规模也不大，且并不是每家石印书局都有自己的印刷所和发行所，大多托一些专门的石印机构承印。① 当时一些大型的石印书局就有代印的业务。例如，点石斋1880年便在《申报》刊发过代印书籍广告：

今本斋另外新购一石印机器，可以代印各种书籍，价较从前加廉，今议定代印书籍等。②

大型石印书局的代印业务为还没有石印机器或者生产能力不足的中小型书局提供了便利。

（二）中小型石印书局的经营策略

西式印刷技术的工业化生产对资本的要求比较高，中小型石印书局难以承担这样的成本，只好选择缩小生产规模，或者委托其他大书局代印（代印本书上一节有过介绍）。此外，中小书局还会进行合作生产。合股出

---

① 杨丽莹：《浅析石印术与传统文化出版事业的发展——以上海地区为例》，《中国出版史研究》2018年第1期。
② 《价廉石印家谱杂作等》，《申报》1880年12月15日第5版。

书在当时是中小书商经常采用的策略。这种策略在上海书业公所《书底挂号》中得到体现。《书底挂号》是 1906 年上海书业公所各成员书局根据同年制定的章程，将各自书底报明公所登册而形成簿册，有点类似于今天的版权登记。[1] 根据《书底挂号》登记的书底清单，发现很多书局有过与其他书局合股印刷出版书籍的记录。[2]

1896 年，鸿宝斋经理沈静翁发起租《三续文编》书底，联合印书三千部。关于这件事的记载说明了当时中小型石印书商是如何合作的。

时洋务、时务书籍畅销之际，杭连大缺，几无买处，幸鸿宝斋定有□□[3]庆源□庄一百件，由沈静翁竭力说项，让与公所应用。由中西、顺成分印百批，余三十六批由文澜、鸿宝两局代印，九月底幸均印齐当发，壬林记装订。除去工料、板租，净余英洋一千零四十八元五角。[4]

在这个案例中，沈静翁先是说服书底的持有者将书底租给书业公所，然后将大部头的《三续文编》分交给中西、顺成、文澜、鸿宝四家书局石印，印好之后再交由壬林记装订。石印《三续文编》这种大型丛书的成本极高，不是单个中小型书局能轻易承担的。这种联合发行的方式既能降低风险，也能充分利用各家的生产资源，提高了效率。

（三）中小型石印书局的后续发展

与大型石印书局大都未能长期存续不同，一些中小型的石印书局在石印业兴盛期之后又存续了很长一段时间。在 1930 年上海书业同业公会登记表中还能见到这时期成立的中小型书局（见表 5-1）。

① 王永进：《档案里的〈书底挂号〉》，《档案与史学》2003 年第 1 期。
② 上海书业公所：《上海书业公所书底挂号》，载周振鹤编《晚清营业书目》，上海书店出版社 2005 年版。如经香阁名单下有"《二十四史人物考》与纬文阁合，本三股"字样，指印这本书经香阁占三股，纬文阁占七股。
③ 方框代表识别不了的字，原图过于模糊无法识别。
④ 《书业公所租印三续文编清账并引》，载《清朝书业公所收支帐目报告及有关文书》，上海档案馆藏档案：全宗号 S313-1-80。

表 5-1　1930 年上海书业同业公会记录的中小型石印书局一览

机构	存在时间	出版品种	资本/员工人数
扫叶山房	乾隆末~1952 年	石印传统书籍	1.2 万元/5 人
文瑞楼	约 1880~1937 年	石印传统书籍	1.4 万元/10 人
校经山房	约 1883 年~1935 年	石印传统书籍	3 万元/15 人
千顷堂书局	约 1883~1946 年	石印线装说部、医书	1 万元/15 人
铸记书栈书局	约 1890~1922 年	石印通俗文学为主	2 万元/10 人
锦章石印书局	约 1901~1950 年	石印绣像小说和医书	5 万元/20 人
会文堂书局	1903~1949 年	教材、新学	2 万元/20 人
启新书局	约 1903~1922 年	新学	0.86 万元/8 人
章福记书局	约 1906~1922 年	石印通俗文学为主	1 万元/15 人
时还书局	约 1911~1935 年	石印传统书籍	0.5 万元/4 人
尚古山房	1911~1956 年	石印通俗读物、碑帖	1 万元/9 人
元昌书局	约 1911~1946 年	以石印为主	0.3 万元/3 人
新华书局	1911~1930 年	通俗小说、地图	1 万元/9 人
燮记书庄	清末~1935 年	石印通俗文学为主	0.3 万元/3 人
沈鹤记书局	清末~1946 年	石印通俗读物和碑帖	0.5 万元/5 人

资料来源：《上海市书业同业公会会员录》，转引自杨丽莹：《浅析石印术与传统文化出版事业的发展——以上海地区为例》，《中国出版史研究》2018 年第 1 期。

很多中小型石印书局后来也改组成了股份制公司，并且石印内容也紧跟市场，发生了很大变化。例如，由何瑞堂设立于 1887 年的鸿宝斋书局最早是何家的独资家族企业，1917 年改组为股份制公司，石印书籍也由以科举用书为主转变为以石印医学书、文学用书为主，学校读本也占有一定的比例。[①]

这些中小规模的石印书局能够在凸版印刷技术的冲击下长期生存下来，可能有如下原因：一是石印在复制书籍文本方面仍然有优势，并不完全是一项已经过时的技术，仍然有它的市场，譬如翻印传统书籍；二是这些石印书局的出版物多为通俗读物、小说等，更贴近市场，成本也比较

低；三是有资料显示，民国初期石印设备经过改良也可以用于家庭小作坊式的生产，对资本的要求也相应降低，为小型资本投资石印提供了便利。①从表 5-1 显示的这些中小型书局的生产品种来看，贴近市场可能是其存续与发展的主要原因。

第三节

对同文书局兴衰的考察

由资本家徐润及其兄弟集股创办的同文书局，资本雄厚，实力强劲，为中国石印技术的使用与推广做了很大贡献。然而，徐氏兄弟却在中国石印业发展"最为兴盛、独领风骚"② 的 1898 年关闭了书局。在政治、文化、技术大变革的社会背景下，同文书局的兴衰有着多方面的原因。对其兴衰的研究，能使我们加深对印刷业从手工生产到机器化生产转变过程中资本所起作用的认识。

一、同文书局的创办

光绪八年（1882 年），出生于广东香山的杰出商人徐润"从弟秋畦、宏甫集股创办同文书局"③，徐润大表赞同并投资入股。同年，同文书局于

---

① 《照相石印法》，《家庭知识》1918 年第 3 期，第 67 页。该文称，使用每日印六百张的落石架只需资本二百元；若用引擎发动的大架一日可印六千，资本约三千元已足。转引自许静波《石头记：上海近代石印业研究 1843—1956》，苏州大学出版社 2014 年版。
② 张秀民：《中国印刷史》，浙江古籍出版社 2006 年版。
③ 徐润：《徐愚斋自叙年谱》，江西人民出版社 2012 年版。

上海成立，总局建在虹口熙华德路，由徐宏甫主持业务。徐润投资创办同文书局进行过细致考察，对石印技术做了充分了解，其自述年谱中有附记："查石印书籍，始于英商点石斋，用机器将原书摄影石上，字迹清晰，与原书毫发无爽，缩小、放大悉随人意，心窃慕之"①。虽然当时国内石印处于起步阶段，但同文书局仍然斥巨资"购备石印机器十二架，雇用职工五百名，专事翻印古之善本"②，且工业化生产的组织也相当完善，"其屋皆仿西式，坚牢巩固，四面缭以围墙，中有帐房、提调房、校对房、描字房、书栈房、照相房、落石房、水房印、书房、火机房，秩然井然，有条不紊"③。

二、同文书局的成就与贡献

（一）经营规模与市场

据中华书局创办人陆费逵记载，当时的石印书局没有专门的编译所，通常就是翰林或进士出身的总校一人，举人或秀才出身的分校若干人，"搜觅到一种书，经理决定要印，便照相落石，打清样校对，校对便印订，所以出书很快的"④。同文书局在创办之初也是如此，四处"搜集书籍以为样本"⑤，翻印各种古籍、书画等。

1884 年后，同文书局便开始不再单纯翻印，而是组建编辑队伍编撰各种举业用书，例如《试帖玉芙蓉》《经艺宏括》《四书五经类典集成》等。后来又陆续出版了《二十四史》全部、《古今图书集成》全部，此外还石

---

① ⑤　徐润：《徐愚斋自叙年谱》，江西人民出版社 2012 年版。

②　贺圣鼎：《三十五年来中国之印刷术》，载张静庐辑注《中国近代出版史料初编》，中华书局 1957 年版。

③　《书局火灾》，《申报》1893 年 6 月 29 日第 3 版。

④　陆费逵：《六十年来中国之出版业与印刷业》，载俞筱尧、刘彦捷编《陆费逵与中华书局》，中华书局出版社 2002 年版。

印出版了"《资政通鉴》《通鉴纲目》《佩文韵府》《佩文斋书画谱》《渊鉴类函》《骈字类编》《全唐诗文》《康熙字典》，不下十数万本，各种法帖、大小题文府等（大小题文府指《大题文府》《小题文府》），十数万部，莫不惟妙惟肖，精美绝伦，咸推为石印之冠"①。考虑到同文书局仅营业十六年，如此规模非同小可，足见石印机器化生产的效率之高。其出版物可大致分类如表5-2所示。

表5-2　同文书局石印出版物分类一览

类别	内容
楹联、碑帖等	石印影印书画效果绝佳，同文书局利用石印机器复印了大量楹联、门联以及碑帖、墨宝、书画。如旧拓皇甫君碑、赵文敏公墨迹、何子贞墨迹、金刚经墨迹、九歌图、独坐图等，印品大都品质精美、价格低廉
科举用书	科举废除前，石印出版最多的是各类举业用书。同文书局石印出版了殿本和缩本《康熙字典》、殿本《佩文韵府》、《宋本说文解字》、《字典考证》等科举时代士子常用工具书。此外还出版帮助士子学习揣摩用的图书，如四书五经讲章、八股文选本、策文选本、诗帖选本等
古籍	《二十四史》和《古今图书集成》这两种大部头古籍同文书局的杰作。《二十四史》共三千两百四十九卷，约四千万字。同文书局照殿版原本石印，每部计七百十一本。《古今图书集成》是一部大型类书，全书一万卷，目录四十卷。1891年，同文书局承印《古今图书集成》一百部，1894年全集告竣进呈
其他出版物	史地著作如《地经图说》《平山堂图志》等；笔记如《翁注困学纪闻》《日知录》等；小说如《水浒图赞》《增像全图三国演义》《花甲问谈》等；诗文集如《文选课虚》《孙批胡刻文选》等

资料来源：沈俊平：《晚清同文书局的兴衰起落与经营方略》，《汉学研究》2015年第33卷第1期；同文书局在《申报》上所刊登的广告。

同文书局利用其资本优势，充分运用各种行销手段拓展市场，建立了覆盖广阔的销售网络。除了派发书目，同文书局还经常在清末具有影响力

---

① 徐润：《徐愚斋自叙年谱》，江西人民出版社2012年版。

的媒体《申报》上面刊登新印图书的广告。同文书局建有全国性的销售网络，其在《上海同文书局石印书画图帖》上写有："本局开设上海虹口，分设二马路横街、京都琉璃厂、四川成都府、重庆府、广东双门底，其余金陵、浙江、福建、江西、广西、湖南、湖北、云南、贵州、陕西、河南、山东、山西各省均有分局发兑。"①

（二）首创"股印制"

同文书局是中国首家开创"股印"的出版商。"股印制"是出版者许以比定价优惠很多的价格，吸引顾客预订图书，一般用于规模较大、成本较高的图书。1883 年 7 月，同文书局为集资石印《二十四史》，在《申报》刊登广告道：

本局现以二千八百五十金购得乾隆初印开化纸全史一部，计五百余本，不敢私为己有，愿与同好共之，拟用石印，较原版略缩，本数则仍其旧，如有愿得是书者，预交英洋一百元，掣取收条，俟出书后挨号给全史一部，限以一千部为止，逾额另议价值，特此启。②

可知，"股印制"的大致流程是先限定名额，名额内预交一定金额并领取收条，额满后另收高价，出书后凭条挨号给书。据 1887 年《申报》刊登的一条遗失书票的声明可知，这种"股票"是可以挂失补领的。这条声明说：

启者兹有遗失同文书局光绪九年九月廿八日，津字第廿一号《廿四史》股分总票一张，今己向该局声明请给新票。其前失之票，有人拾去作为废纸，特此布闻。③

股印制是对出版商与顾客都有利的方法。对于出版商，股印可以预收

---

① 同文书局：《上海同文书局石印书画图帖》，载周振鹤《晚清营业书目》上海书店出版社 2005 年版。
② 《同文书局石印廿四史启》，《申报》1883 年 7 月 16 日第 5 版。
③ 《声明遗失书票》，《申报》1887 年 5 月 26 日第 8 版。

资金解决流动资金不足的问题，也能探察市场以决定印数，可以有效减少市场风险。对于读者，则能以较低的价格获得书籍。因为这些优点，同文书局开创的"股印制"被当时以及后世同行效法，这种方法后来被称为"预定"。

（三）注重图书品质

同文书局不仅印刷量巨大，而且十分注重图书品质。同文书局在追求商业利润的同时，也十分注重声誉，重视图书质量，其印刷品印刷精湛，装订考究，字迹清晰，被时人称为"同文版"。在编排方面，同文书局也是下足了功夫。如"它印制的《康熙字典》是将殿本逐行剪开后拼接的，这样才能使页码减少，每页容量增大，不像点石斋仅按原页缩小。此后其他各家影印《康熙字典》，包括近年中华书局影印都直接用同文版再翻印"①，在同文书局关闭之后，人们对同文版《康熙字典》仍然极为推崇，称赞它"字画明晰、纸墨精良，为石印字典中首屈一指，自该局停机后，阅者争出重价，往往无从购置"②。同文版《二十四史》也由于制作精良，深受书籍珍藏家喜爱，也被后世多家书局作为翻印的底本。

三、同文书局存在的问题及其衰落

（一）同文书局的没落及存在的问题

同文书局于 1898 年停业，当时正是中国石印业发展兴盛的时候。在短暂的十六年的营业时间里，同文书局经历了跌宕起伏、兴衰沉浮的发展历程。接连的挫折导致其逐渐衰落，现对同文书局遭遇的挫折与存在的问题加以介绍。

---

① 汪家熔：《商务印书馆史及其他——汪家熔出版史研究文集》，中国书籍出版社 1998 年版。
② 《同文书局殿板康熙字典》，《申报》1908 年 5 月 25 日第 13 版。

1. 火灾

1893 年 6 月 27 日，同文书局遭遇火灾。《申报》报道："祝融氏犹锐不可当，横冲直撞，将印书房、药水房尽付一炬，至钟鸣三下始卷旆而回。事后查得，印书机器十余架及印书科石均已损坏不堪，药水亦烧毁无存，惟地板不甚损伤，外间照相书栈等房亦未波累，然所失已巨万矣。"①第二天，同文书局在《申报》回复称："仅毁去厂房瓦面十之三四及药水房，上层机器全未损动者六七架，灼焦纸板者数架，修整尚易。石板仅碎二十七八块，尚点存六百余块。"② 研究者均认为火灾造成的损失令同文书局元气大伤。③ 但事实上，火灾给同文书局带来的物质损失可能并没有那么大。因为火灾时，"各捕房警钟镗然，救火会诸西人各驾水龙电掣风驰而至，开取自来水管，竭力狂喷"④，在消防人员努力下，"外间照相书栈等房亦未波累"⑤，同文书馆藏有大量底本的藏书室并未被烧毁。同时，"同文书局由香港火灾保险公司承保"⑥，同文书局获得了相应的赔偿。不过，火灾使同文书局承印内廷的《古今图书集成》受到影响，导致其不能按期完成。火灾还是给同文书局造成了很大打击。

2. 同业竞争

按照徐润的说法，同文书局"印书既多，压本愈重，知难而退，遂于光绪二十四年戊戌停办"⑦。本书上面有分析，同文书局十分重视图书品质，这也使其图书价格偏高，在同业竞争中处于不利地位。1895 年之后，石印书局群起，虽然同文书局印书精美，且有遍及全国的销售网络，但价

---

① ④ ⑤　《书局火灾》，《申报》1893 年 6 月 29 日第 3 版。

②　《同文局来信照登》，《申报》1893 年 6 月 30 日第 9 版。

③　陈琳：《同文书局的历史兴衰与石印古籍出版》，《成都师范学院学报》2018 年 6 月总第 304 期；沈俊平：《晚清同文书局的兴衰起落与经营方略》，《汉学研究》2015 年第 33 卷第 1 期。两位研究者都认为因火灾遭受损失是同文书局衰落的重要原因。

⑥　《北华捷报》，1893 年 6 月 30 日。

⑦　徐润：《徐愚斋自叙年谱》，江西人民出版社 2012 年版。

格方面的劣势使同文书局难以竞争过其他书局，导致其所印书籍无法销售。

表5-3将同文书局与飞鸿阁同一种书的价格做了对比，同文版图书的价格要明显高于飞鸿阁。

表5-3　同文书局与飞鸿阁石印图书价格对比　　　　单位：洋元

书目	同文书局	飞鸿阁	相差价格
《五经合纂大成》	10	2	8
《五经味根录》	6	1.2	4.8
《五经四书类典集成》	12	4	8
《文料大成》	0.6	0.25	0.35
《文章润色》	0.4	0.1	0.3
《诗韵合璧》	2	0.6	1.4
《各省课艺汇海》	4	1.4	2.6
《大题三万选》	20	3.5	16.5
《大题文府》	12	2	10
《小题文府》	12	1.8	10.2
《小试金丹》	0.2	0.15	0.05
《五经文府》	12	1.6	10.4
《经艺宏括》	8	2	6
《试帖玉芙蓉》	3	0.7	2.3

资料来源：同文书局：《上海同文书局石印书画图帖》，载周振鹤《晚清营业书目》上海书店出版社2005年版；飞鸿阁：《上海飞鸿阁发兑西学各种石印书籍》，载周振鹤《晚清营业书目》，上海书店出版社2005年版。

3. 创办者的个人债务问题

1883年，徐润在上海金融风潮冲击下宣告破产，欠下债务。穷途末路之下，徐润于1886年12月与招商局订立了抵押合同，将同文书局的房地产业、机器、石版药水、各版殿版书籍以及印就各书全数抵押招商局归银十万两，用来抵还招商局债务。以后每六个月归还一万两，分五年还清，若六个月到期付不出，则由招商局拍卖抵押资产归还。① 这笔债务于1891年还清。背负如此债务，毫无疑问会影响到同文书局的盈利与经营。

4. 不计成本刊印《古今图书集成》

《古今图书集成》是一部大型类书，全书一万卷，目录四十卷。1891年，同文书局承印《古今图书集成》一百部，1894年全集告竣进呈。承印《古今图书集成》虽然为同文书局赢得了"声誉兴隆"②，但代价也相当大。这项工程巨大，不能像翻印古籍一样复印，光逐字检查需要改动的避讳字，就耗费大量人力、财力，使书局陷入财务危机。由于财务问题，印刷多次中断，政府先期拨付的资金用尽，后又增加十万津贴才得以完成。芮哲非评价徐润此举是"用中国士大夫价值观指导他的工作"③。

（二） 对同文书局的问题及衰落的分析

徐润"集股创办"同文书局，并投入巨资购备了十二架石印机器。"集股"而创的同文书局虽然有雄厚的财力投入石印业的工业化生产之中，但是这时期企业制度的不完善已在同文书局的经营中得到展现，并最终影响了它的发展。

公司治理存在缺陷与问题是同文书局衰落更深层次的内部原因。在上述同文书局面对的问题中，同业竞争、徐润个人的债务问题以及不计成本刊印《古今图书集成》的确是同文书局衰落的重要原因。但是，作为一家资本雄厚、实力强劲的大型石印书局在竞争中被规模更小、起步更晚的同行打败，很可能是经营与发展策略出了问题。不计成本承接不能盈利的项目就是典型的经营决策失误，这也体现了同文书局公司治理的不完善。如前文关于早期股份公司的分析，此时的股份公司只是筹资的手段，公司治

---

① 合同内容见夏冬元：《盛宣怀年谱长编》，上海交通大学2004年版。
② 徐润：《徐愚斋自叙年谱》，江西人民出版社2012年版。
③ ［美］芮哲非：《谷腾堡在上海：中国印刷资本业的发展（1876—1937）》，商务印书馆2014年版。

理结构很不完善。由于没有相关法律，公司不是独立的"法人"，同时由于法人治理结构不健全，股东对经营者的约束也有限，这些问题也是同文书局所面对的。

同文书局被创办者之一徐润抵押承担其债务，这一方面体现了徐氏兄弟团结友爱，共度时艰，另一方面也反映了同文书局没有"法人"资格，被大股东作为私产处置。同文书局在同业竞争中落败的一个重要原因是图书价格偏高，而在书籍滞销的情况下，还把品质置于成本之上，也反映了同文书局对市场的需求与反应并不敏感，说明经营者的市场意识偏弱。1891年，同文书局承应《古今图书集成》，成本和风险都很大，收获的主要是声誉以及满足经营者支持学术的士大夫情怀，而这对于一家商业性的石印书局来说是很不明智的决策。关于同文书局衰落的原因最终可以归结为，企业的发展完全受经营者或者大股东的个人意愿支配，而这正是公司治理不成熟的表现。

第四节
早期企业制度对石印技术发展作用的分析

通过上述对石印书局兴起与经营的考察，以及对同文书局的分析发现，股份公司作为资本的组织形式在石印技术传播与发展的过程中起了至关重要的作用，而资本的"量"与"质"在其中起了不同的作用，现对此加以概括与分析。

第一，大型石印书局"集股"筹集资本生产，资本直接促成了石印设备的引进与推广。

在石印技术发展初期，从海外引进石印机器的成本还很高，对资本的要求也比较大。虽然这时的股份公司很可能还只是传统意义上的合伙制企业，但是利用这种形式筹集资本有助于解决资金的问题。同文书局作为首家华商石印书局便是徐润"集股创办"的。大型石印书局利用资本的优势引进并使用新式石印机器生产高品质的书籍、字画等，以低廉的边际成本、高额的利润刺激了其他书商效仿利用石印技术的热情。更重要的，正是早期这些大型石印商引入石印机器，让洋行发现了巨大商机，促成了麦利洋行在中国代理销售高效率的石印机，使后来其他中小型石印商购买使用石印设备更加方便。这些都推动了石印技术在中国的普及。

第二，资本雄厚的大型石印书局帮助其他石印商完成资本积累，推动石印技术普及。

中小型石印商资本小，规模也不大，最初很多都没有自己的印刷所。从 1883 年至 1887 年《申报》刊登的石印书籍广告中能看出，很多小书局早期的业务主要是销售点石斋与同文书局等大型书局的石印书籍、碑帖、字画等。同时，点石斋与同文书局等大书局也都有代印书籍的业务，这为中小型书局进入石印行业提供了机会，并降低了生产风险，间接帮助他们完成了资本的原始积累。这些中小型石印书局经过前期积累，后来很多都购买了自己的石印设备，或者进一步扩大了生产规模。1895 年成立的章福记书局便是一个典型例子，以开书店贩书起家，等资本积累到一定程度，便开始购置石印机器从事印刷出版。[①]

第三，大型石印书局推动印刷出版行业的制度创新，降低了石印业的

---

① 许静波：《石头记：上海近代石印书业研究 1843—1956》，苏州大学出版社 2014 年版。

市场风险。

依靠资本与技术的优势，大型的石印书局有能力生产高品质的石印作品，并且效率也很高，这为近代中国书籍出版以及古典文化的保存做了很大贡献。另外，为了推广产品，也为降低市场风险，大型石印书局在制度上也做了不少创新，例如同文书局开创了"股印制"，这种以预定方式印书售书的方式到了民国时期仍在印刷出版行业广为应用。

对于石印技术这种资本密集型技术，市场需求以及市场风险都是印刷出版商投资决策时重要的考虑因素。"股印制"这种制度创新一定程度上降低了石印业的市场风险，有利于石印技术的进一步发展与推广。

第四，资本"质"的不完善，对石印技术的进一步发展造成了阻碍。

虽然一些大型石印书局以"集股"的形式募集了较充足的资本，开启了中国印刷业工业化生产的新时代，但是此时的公司制度还不健全，公司没有法人资格，股东也难以有效监督经营者，公司治理与独资企业或者合伙企业几乎没有区别。在社会、经济与技术大转型的特殊时期，企业拥有大量资本，却没有相应的制度来规范保障，会大大降低其抵御风险的能力。同文书局在发展中被股东债务拖累、后期经营决策失误都与公司制度不完善有关，最终导致公司关闭。而那些资本规模较小的中小型石印书局反而更加灵活，利用大型石印书局的帮助积累资本，并适应市场。

大型石印书局公司治理的不完善限制了企业的成长，同时也会使石印书局降低对技术与设备的投入，一定程度上对石印技术的推广与发展造成了不利影响。

第五节

小结

19 世纪末，中国的股份制公司处于起步阶段，最主要的功能与目的是筹集资本。此时，公司制度还不成熟，公司治理也不健全。本章通过对这种资本的组织形式在石印业发展过程中的作用进行分析，发现资本的"量"与资本的"质"在石印业的发展过程中都起了很大的作用，但所起作用的方式并不一样，相关结论总结如下：

（1）资本的"量"对石印业的发展起了很大的促进作用。大型石印书局以股份公司形式筹集资本开展工业化生产，也促成了石印设备的引进与推广。大型石印书局还帮助其他中小型石印商完成资本积累，推动了石印技术的普及与发展。

（2）资本"质"限制了石印书局的发展，也不利于石印技术进一步推广。由于公司治理不完善，大型石印书局的经营依赖于大股东与经理人个人的风格，缺乏应有的监督，股东权利也难以得到保障，不利于公司进一步的发展。此外，由于公司缺乏法人资格，公司财产也容易受到个人债务等问题的牵连，不利于公司的长远发展，也使大型石印书局进一步投资技术的意愿降低。

综合性印刷出版公司与新式印刷技术的
发展——以商务印书馆为例

进入20世纪之后，发展兴盛的石印技术突然衰落，石印书局陆续倒闭或者转型。此时，对初始投资要求更高、以西式活字印刷为主的综合性印刷出版公司兴起，西式活字印刷技术也成为了中国印刷业的主流。新技术的改良与发展在这一时期进一步加快，综合性的印刷出版公司为新式印刷技术的创新改良与推广做了很大贡献。与大型石印书局不同，这些新型的综合性印刷出版公司的存续时间大都很长，例如商务印书馆与中华书局在当今的印刷出版领域仍然占有一席之地。综合性印刷出版公司为何能大力推动技术创新与推广，以及这些综合性印刷出版公司为何能基业长青，是本章关注的两个问题。本章将以商务印书馆为例，从资本的"量"与"质"两个方面对此展开分析与研究。

第一节
股份制公司的完善与发展

一、公司治理法制化的初步阶段

1872 年，中国"仿西方公司之例"建立了第一家股份制公司——轮船招商局。在"实业救国"风潮的推动下，其他私营的民族企业也在兴起，此外还有许多外国在华企业，其中很多都采用了公司的形式。但清政府缺乏相应的法律规范，这时期的公司制度很不成熟，公司治理也不完善。直到 1904 年清政府颁布《公司律》，公司治理才迈出了法制化的第一步。

（一）《公司律》的颁布

甲午战争失败后，清政府意识到制度的重要性，开始了制度变革，针对公司制度出台了一系列法律。1904 年清政府颁布《钦定大清商律》，包括《商人通例》《公司律》两个部分。《公司律》的颁布使公司治理首次有了法制的规范。

《公司律》共有 11 节，131 条。各节内容如下：第一节为公司分类及创办呈报法；第二节为股份；第三节为股东权利各事宜；第四节为董事；第五节为查账人；第六节为董事会议；第七节为众股东会议；第八节为账目；第九节为变更公司章程；第十节为停闭；第十一节为罚例。该律规定，"凡凑集资本共营贸易者名为公司"，首次为公司做了明确定义。① 同时，其还对股东权利、公司治理、财务管理等方面都做了规范。不过，其也存在很多缺陷。例如，对公司的定义并不完全，"凡凑集资本共营贸易者名为公司"的界定与合伙企业难以划清界限，也没有给公司"法人"的地位。另外，《公司律》第三条规定，公司经预先声明，可给发红股，但股份公司若滥发红股会导致资本不实。②

《公司律》是中国第一部公司法，虽然因存在一些缺陷遭人诟病，但首次为中国公司企业的运作提供依据和标准，也让公司这种商业组织在中国正式取得了合法地位，具有非常重要的意义。此外，清政府还颁布了《奖励华商公司章程》（1903 年）、《公司注册试办章程》（1905 年）、《破产律》（1906 年）等。这些法律很快有了成效，1904~1908 年，向清政府登记的公司有 228 家，其中 153 家是股份有限公司。③ 民用工矿企业家数和创办资本额也是突飞猛涨，1903 年资本额 1 万元以上的新创企业才 17 家，资本额为 505.9 万元，1904 年之后新创企业与资本额都大幅度增加，1906 年新创的规模企业有 92 家，资本额高达 2483.5 万元。④

（二）时人对股份制公司的态度

在公司治理法制化的初步阶段，股份制公司的意义被时人所强调，不过由于法制还不健全，且中国的社会经济发展还不成熟，也有研究者对当时中国发展股份制公司持怀疑态度。例如，梁启超认为中国实业不振便在于股份公司不发达，他在 1910 年的一篇文章中称：

质而言之，则所谓新式企业者，以股份有限公司为其中坚者也。今日

---

① 《公司律》各条款分别登载于《申报》1904 年 3 月 1 日、3 月 2 日、3 月 11 日、3 月 12 日、3 月 15 日第 1 版。

② 李玉：《晚清公司制度建设研究》，人民出版社 2002 年版。

③ 张忠民：《艰难的变迁：近代中国公司制度研究》，上海社会科学院出版社 2002 年版。

④ 杜恂诚：《民族资本主义与旧中国政府（1840—1937）》，上海社会科学出版社 1991 年版。

欲振兴实业，非先求股份有限公司之成立发达不可。[①]

梁启超也总结了中国股份有限公司不发达的四个直接原因。"第一，股份有限公司必在强有力之法治国之下乃能生存，中国则不知法治为何物也"，"第二，股份有限公司必责任心强固之国民，始能行之而寡弊，中国人则不知有对于公众之责任者也"，"第三，股份有限公司必赖有种种机关与之相辅，中国则此种机关全缺也"，"第四，股份有限公司必赖有健全之企业能力，乃能办理有效，中国则太乏人也"。[②]

二、公司治理机制的形成

（一）法人地位的确立

培育市场经济的微观主体是民国初期及北洋政府时期经济政策的主要方面之一。[③] 政府颁布一系列法律法规来消除投资者的疑虑，使近代市场经济微观主体不断增多。1914 年 1 月 13 日，北京政府农商部颁发的《公司条例》便是一部尤为重要的公司法规，这也是中国的第二部公司法。[④]

《公司条例》共 6 章 251 条，对晚清相关法律加以修订，并融合了中国通行的商事习惯，相比《公司律》在内容与篇幅上都有较大变动和增加，也更加完善。更重要的是，《公司条例》明确承认了公司的法人地位。《公司条例》第三条规定："凡公司均认为法人"，从此赋予了公司与自然人一样的法律人格，成为独立的经济个体。[⑤] 这是对 1904 年《公司律》的一个重大突破，也体现出近代中国对公司治理重要性的认识有了质的提高。

（二）法人治理机制的初步形成

《公司条例》确立公司法人地位的意义重大。因为法人地位的确立意

---

①② 梁启超：《敬告国中之谈实业者》，载《梁启超文集》，燕山出版社 1997 年版。

③ 郭库林、张立英：《近代中国市场经济研究》，上海财经大学出版社 1999 年版。

④ 张忠民：《艰难的变迁：近代中国公司制度研究》，上海社会科学院出版社 2002 年版。

⑤ 杨勇：《近代中国公司治理》，上海世纪出版集团 2007 年版。

味着法人治理机制的初步形成。随着公司法人地位的确立，公司便成为了一种"人格化"的经济组织，是经济法律关系上权利与义务的直接承担者，公司资产与股东的个人财产也从此明确地区分开来。公司法人制度的确立与法人产权的产生是适应社会化大生产和发达商品经济需要的一次产权制度创新，实现了所有权与控制权的充分分离。股东一旦将个人财产投入股份有限公司，这财产便成了公司资产。股东主要享有财产收益权，而财产的支配、使用处置权则属于公司法人。法人财产的形成是法人治理机制的基础，它为经营权与所有权的分离提供了法理上的合法性。

因此，《公司条例》颁布以后，中国便初步形成了法人治理机制，为形成完善的法人治理结构在法律上提供了可能。在完善的法人治理机制下，股东、董事会、监事会与经理人互有分工、互相制衡，极大可能地保持了各方利益的均衡，维持公司的长远发展。

三、股份制公司与印刷业

与 19 世纪末的股份制公司不同，这一时期的股份制公司已经趋于完善与成熟，已经是真正意义上的股份制公司。这段时期的股份制公司对于印刷事业的作用受到了当时从业者的重视。上海艺文书局的老板林鹤钦在 1937 年发表于《艺文印刷月刊》的一篇文章中分析了三种商业组织形式，即个人企业、合伙经营以及公司，比较了它们各自的优劣。他对公司的优劣分析如下。

公司的优点：

一、资本雄厚，人力及技能完备。

二、因股东所负之责任有限，此种组织不受股东之变动而发生影响，故其存在期甚长。

三、增加资本较易，其原因有四：a. 资金分割之数额较小，易负担。

b. 转让自由，无须经股东会之许可。c. 公司为法人，故比较有保障。d. 除股本外，股东不负其他任何责任。

公司之劣点：

一、公司须向国家登记，故须负担登记费及国家所抽之税。

二、公司之股东不能直接管理，须雇员管理之。公司与职员间缺乏直接利害关系，故办事效率不如前二者。

三、公司须接受法律限制，故营业现状不能保守秘密。①

文中，林鹤钦还"根据个人的经验，认为个人企业或合伙经营的印刷业，对于下列三点应加以注意"②。这三点均与资本有关。第一，必须有部分资金作为流动资金，以用于购买印刷材料；第二，营业如有盈余，要保留"公积金"，以应对可能发生的意外亏损；第三，个人企业与合伙企业不能轻易扩大规模，因为营业状况恶劣时，会成为很大的负担。

通过林鹤钦的介绍可知，印刷业的个人企业与合伙企业很容易受资金问题困扰，营业状况稍有问题便容易遇到资金上的困扰。此外，个人企业与合伙企业的存续期也易受个人因素影响，存续期较短，而公司的法人地位则使其不易受股东个人因素的影响；从而存续期更长，能保证投资印刷出版企业获取利益的持续性。由此可见，股份制公司是印刷业最为合适的商业组织形式。

①②　林鹤钦：《资本与印刷事业》，《艺文印刷月刊》1937 年第 1 卷第 12 期。

第二节
新时期中国的印刷技术发展概况

一、上海综合性印刷出版公司的发展

1905 年之后，受教育改革的影响，新式教科书市场兴起，石印技术突然衰落，西式的活字印刷成为中国印刷业的主流，股份公司制度在印刷业也得到了较为广泛的应用。

上海是这时期中国的印刷出版中心，大部分的综合性印刷出版公司也分布在上海。由于西式活字印刷技术与设备所需要的资本投入相对传统印刷技术要大得多，铺设全国性的销售渠道也需要大量资金，股份制公司在募集资本方面的优势吸引印刷出版商。在上海，以西式活字印刷技术为主的综合性印刷出版公司纷纷采用股份制公司的形式。1903 年，商务印书馆率先改组成股份有限公司。之后，中华书局、大东书局、世界书局、开明书局等印刷出版企业陆续改组为股份公司。[①] 这些印刷出版商大多也同时拥有石印技术与凹版印刷技术，通常在复制古籍、图画等作品时会继续使用石印，这也是称这类公司为综合性印刷出版公司的原因。这些印刷出版公司为中国印刷技术的进步做了很大的贡献，尤其是当时成立最早、规模最大的商务印书馆。

---

① 陈昌文：《都市化进程中的上海出版业》，上海人民出版社 2012 年版。

这些综合性印刷出版公司保持了以前书坊和石印书局的传统，集印刷、出版与发行于一体，但业务与使用的技术更加多元。由于这时期的股份制公司在资本与公司治理方面具有明显的优势，这些印刷出版公司的资金数量与公司规模非往日的书坊可比，存续期也比前期的大型石印书局要长。其中一些较具实力的印刷出版公司还将大量资金用于引进以及研发改良印刷技术，极大地促进了中国印刷技术的进步。

至20世纪30年代，上海多家印刷出版商都拥有较先进的印刷设备与印刷技术。这时期，上海部分印刷出版公司拥有的设备与技术如表6-1所示。

表6-1　20世纪30年代上海部分书局印刷设备与技术一览

印刷机构	印刷设备和印刷技术
商务印书馆	技术先进，设备最为齐全。会使用彩色照相平版技法；珂罗版印刷术等当时尤为先进的技术。馆内有滚筒机、米林机、胶版机等各式印刷机器，总数达一千二百多架
三一印刷公司	拥有对开双色机、全张及对开单色胶印机等共七台，配有多台当时最新的照相机、晒版机
大东书局印刷厂	能够印制书刊、商业印品及印花税、纱票等多种印刷品
时代印刷厂	拥有一部进口影写版印刷机
华一印刷股份有限公司	四台全张胶印机，六台对开胶印机以及切纸、落石、制盒等设备
中华书局	印刷设备比较齐全，橡皮版、影写版等印刷技术先进
橡皮印刷厂	拥有全张胶印机和全套照相制版设备
土山湾印书馆	配有铅印、珂罗版、照相制版等设备
中国图书公司	会使用凹版印刷技术
广益书局	设有石印厂和铅印厂
文明书局	1902年便掌握珂罗版印刷术，1904年掌握彩色石印印刷术
艺文印刷厂	有齐全的中、西文铅字，创艺文正楷字
世界书局	石印、铅印设备齐全
有正书局	珂罗版印刷
良友图书印刷公司	对排印、用纸、装帧比较讲究

续表

印刷机构	印刷设备和印刷技术
沈华胜装订厂	精装书刊设备先进
汉文正楷印书局	主业为出售铜模、铅字，也有自己的印刷设备

资料来源：邓小娇：《近现代上海书刊印刷业变迁研究初探（1930—2010）》，载陈丽菲主编《上海近现代出版文化变迁个案研究》，上海辞书出版社 2016 年版。

二、其他地区印刷技术的发展概况

在上海之外的其他地区，印刷机构大都以小规模的印刷所为主，新式印刷技术的发展与扩散也缓慢得多，充当着上海印刷技术追随者与学习者的角色。由于关于这时期全国印刷技术发展的系统性资料相对缺乏，此处以广州、西安、成都三个城市以及甘肃与浙江两省为代表，对上海之外其他地区的印刷技术发展状况加以简要介绍。

作为华南重要的港口城市，广州的交通与商业都比较发达，但是在这一时期，广州"在印刷业和技术的发展上，还是落伍得很幼稚"[1]。据 1937 年刊登在《艺文印刷月刊》上的一篇文章记载，广州虽然有许多小规模的印刷所，并且布满全市，但是这些印刷所在技术与设备方面都很不完善，印刷品质量也很差。虽然铅字印刷在广州得到了普及，但铅字的质量并不好，往往高低大小的标准参差不齐，还常有字面侧斜、笔画花烂等弊病。在广州印刷界，能做铅模的只有很少的一两家，铸字设备更是缺乏，当印刷所遇到买不到铅模的字时，就用木刻的活字代替。[2]

西安是中国西北地区的一个大都市，其印刷业的发展远落后于上海。1937 年，《艺文印刷月刊》上的一篇调查显示，西安的印刷所规模一般比较小，能够完全承做各种类型书版杂志的印刷机构只有四五家。设备较完

---

①② 锡铿：《广州印刷业的概况》，《艺文印刷月刊》1937 年第 1 卷第 10 期。

善的只有陕西印书局、西北印书馆与和记印书馆等数家。西安还有以清润轩为代表的以石印为主、附带做铅印业务的书局，计有二十九家。此外，还有其他公司兼营印刷业务，计有永兴公司等九家。①

成都印刷业在这一时期的发展相当曲折。晚清，雕版印刷仍在成都的印刷出版业中占十分重要的地位。进入民国之后，西式的机器印刷才在成都有所发展，上海的中华书局、锦章书局与大东书局分别于1913年、1914年与1916年在成都设立了分局。② 但这时期成都印刷业的总体规模还比较小，受战乱影响，新设立的书局也经常遭受破坏。1925年至1937年，成都政局相对稳定，印刷出版业也进入快速发展期。时人记载："民十六年后，川中革命空气浓郁，印刷事业，遂为常务之急。自是有少数操技分子，亦一跃而为主办印刷机关之主人翁。蓉市印业，由此遂达繁荣之顶点。"③ 据统计，20世纪30年代，成都有印刷厂两三百家，其中规模比较大的有十余家。④ 不过，这种良好的发展势头再次被战乱打断。1933年，田颂尧与刘文辉在成都展开规模空前的巷战，给印刷出版业造成了很大打击，很多印刷公司因此停业。⑤

上海作为中国印刷行业的领先者，其影响力在浙江与甘肃两省印刷技术的发展中也得到体现。辛亥革命时期，浙江杭州的新式印刷企业有10多家，这些印刷厂大都是从上海购进新式印刷设备进行生产。20世纪20年代之后，宁波、温州、永嘉等地的印刷业也有了新的发展，上海在印刷设备与技术上的支持在其中起了很大的作用。随后，浙江的印刷出版业进一步发展，开始直接从国外引入先进设备。⑥ 在清末及中华民国时期，甘肃

① 　集生：《西安印刷业概况》，《艺文印刷月刊》1937年第1卷第12期。
② 　成都市地方志编纂委员会：《成都市志·图书出版志》，成都出版社1998年版。
③ 　黄鸿铨：《四川之印刷业》，《四川月报》1934年第4卷第1期。
④⑤ 　张忠：《民国时期成都出版业研究》，巴蜀书社2011年版。
⑥ 　隗静秋：《浙江出版史话》，浙江工商大学出版社2013年版。

省的印刷出版事业相当落后，印刷出版机构少，且大都规模很小，印刷设备简陋，印装质量不高。甘肃省也有几家规模较大的印刷机构，例如政府印刷局、俊华印书馆等，这些印刷机构通常会派员工去上海采购印刷设备，并且学习相应的印刷技术。[①]

通过本节的分析可知，资本在印刷业中的作用尤为重要，上海的综合性印刷出版公司利用股份制公司的优势不仅促进了自身印刷事业的发展，还对中国印刷技术的变迁产生了影响。下面笔者将以商务印书馆为例，对这段时期的综合性印刷出版公司加以分析，讨论成熟的股份制公司制度在促进西式印刷技术推广过程中所起的作用。

第三节
商务印书馆的资本积累与公司治理

虽然中国近代印刷出版企业借鉴采用了西式的印刷技术与商业组织，但仍保留了不少自己的传统，近代的出版公司很多还和之前的"刻坊"一样，除了编辑出版，还兼营印刷和销售等业务，如陆费逵所言"我国习惯，对于出版业和印刷业，向来界限不分"[②]。近代中国第一家股份制出版公司商务印书馆，最初是一家印刷厂，后来逐渐成为集印刷、出版、发行于一体的出版公司，同时还建有生产印刷设备的工厂，"它的营业，出版

---

① 白玉岱：《甘肃出版史略》，甘肃教育出版社 2011 年版。

② 陆费逵：《六十年来中国之出版业与印刷业》，载俞筱尧、刘彦捷编《陆费逵与中华书局》，中华书局出版社 2002 年版。

占十分之六，印刷占十分之三"①。下面，笔者对商务印书馆的发展以及公司治理做大致介绍。

一、商务印书馆资本的发展

（一）商务印书馆发展历程与资本积累

商务印书馆于 1897 年创建于上海，四名发起人均是上海美华书馆的职工，其中夏瑞芳、高凤池从事业务，鲍咸恩、鲍咸昌兄弟二人从事公务。当时上海读英文者众多，但没有合适的课本，较流行的是一套为印度学生编辑的英文教科书。书中没有中文注释，教者和学者都不方便。四位发起人把这本教科书翻译成中文版后印刷出售，初版印的两千册很快卖完，受此鼓舞，四位发起人各投资 1000 元，共集资 4000 元，在上海江西路德昌里租赁了一个店铺，并购印刷机数架，创办了一家印刷所，即商务印书馆。②

商务印书馆成立之后，股本经历了多次增加，规模也越来越大。1900年，商务印书馆接手了日本人的修文印书局，其较为先进的印刷设备使商务印书馆的印刷能力大为改观。1901 年，张元济、印有模投资商务印刷馆，资本增为 5 万元。③ 1902 年，商务印书馆增设编译所与发行所，"三所"（编译所、印刷所、发行所）的组织设置形成，业务的中心由印刷转

---

① 陆费逵：《六十年来中国之出版印刷业》载俞筱尧、刘彦捷编《陆费逵与中华书局》，中华书局出版社 2002 年版。

② 王云五：《商务印书馆与新教育年谱》，江西教育出版社 2008 年版。另有一说是商务印书馆最初资本为 3750 元，分别来自鲍咸恩、鲍咸昌各 500 元，郁厚坤 500 元，夏瑞芳 500 元，张桂华 500 元，高翰卿 250 元，徐桂生 1000 元，参见长洲：《商务印书馆的早期股东》，载商务印书馆编《商务印书馆九十五年》，商务印书馆 1992 年版。

③ 商务印书馆：《本馆四十年大事记》，载商务印书馆编《商务印书馆九十五年》，商务印书馆 1992 年版。

到出版，当年便出版图书 15 种，27 册。① 1903 年，日本出版公司金港堂向商务印书馆投资了 10 万元，商务印书馆原有资本 5 万元，另募集新股 5 万元，吸收严复、艾墨樵、沈知方、沈季方、高凤岗等著译者与职员入股，此时商务印书馆资本增至 20 万元。② 虽然日方占有一半的股份，但是日方对中方的经营不予干预，只取得股权收益，如庄俞言"并非事事平均，如经理及董事全系华人，只一二日人得列席旁听，聘用日人得随时辞退等是也"③。同年，商务印书馆改组为股份制有限公司，并成立董事会。这一年也是商务印书馆在各地建立分馆的开端。1905 年 12 月，商务印书馆向商部呈请登记注册为股份有限公司，1906 年 1 月获批准，注册资本为 100 万元。④

日本人的入股对商务印书馆早期的发展作用重大，带来资金的同时，也提供了印刷技术与编辑经验的支持。但后来日股成了商务印书馆发展的不利因素。辛亥革命之后，国内民族主义日渐高涨，又加之以中华书局为代表的竞争对手以商务印书馆有外资之事施加舆论压力。多方压力下，商务印书馆与日方进行多轮谈判，于 1914 年将日资全数清退。1914 年 1 月 29 日，商务印书馆在刊登于《申报》的声明中称：

本公司前在商部注册声明，本公司股东无论本国人、外国人均须遵守本国法律。现拟改订章程，不收外股，为完全本国人集资营业之公司，已将外国人股份全数购回。⑤

在与日本合作期间，商务印书馆的资本由 20 万元增至 1913 年的 150 万

① 王云五：《商务印书馆与新教育年谱》，江西教育出版社 2008 年版。

② 高凤池：《本馆创业史》，载商务印书馆编《商务印书馆九十五年》，商务印书馆 1992 年版。

③ 庄俞：《三十五年之商务印书馆》转引自王云五《商务印书馆与新教育年谱》，江西教育出版社 2008 年版。

④ 《商务官报》，1908 年第 6 期第 18 页，转引自李玉《晚清公司制度建设研究》，人民出版社 2002 年版。

⑤ 《商务印书馆股东特别会》，《申报》1914 年 1 月 29 日第 4 版。

元，1914 年收回日本股份，当年股本不减反增，又立即扩股到 200 万元。[①]

之后，商务印书局又经历了几次增股，1931 年公司资本额已达 500 万元，股东数 2745 户。[②] 此时，公司规模也极为可观，"上海各机关职员约一千余人，男女工友约三千五百人"[③]。1932 年 1 月 29 日，商务印书馆遭日军炸毁，损失 1633 万余元，随后宣告停业，资本也经股东会商议减至 300 万元。同年 8 月 1 日，商务印书馆复业。[④]1937 年，资本额又恢复至 500 万元。

1897~1937 年商务印书馆资本额的变动情况具体如表 6-2 所示。

表 6-2　1897~1937 年商务印书馆资本额

年份	资本数
清光绪廿三年（1897 年）	4000 元
清光绪廿七年（1901 年）	5 万元
清光绪廿九年（1903 年）	20 万元
清光绪卅一年（1905 年）	100 万元
民国二年（1913 年）	150 万元
民国三年（1914 年）	200 万元
民国九年（1920 年）	300 万元
民国十一年（1922 年）	500 万元
民国二十年（1931 年）	500 万元
民国二十一年（1932 年）	300 万元
民国二十五年（1936 年）	450 万元
民国二十六年（1937 年）	500 万元

资料来源：1922 年之前的数据摘自庄俞：《三十五年之商务印书馆》，转引自王云五《商务印书馆与新教育年谱》，江西教育出版社 2008 年版，第 346 页；之后的数据摘自商务印书馆每年股东会的报告，报告均附在《商务印书馆与新教育年谱》一书中。

①④　王云五：《商务印书馆与新教育年谱》，江西教育出版社 2008 年版。

②　汪家熔：《商务印书馆史及其他——汪家熔出版史研究文集》，中国书籍出版社 1998 年版。

③　庄俞：《三十五年之商务印书馆》，转引自王云五《商务印书馆与新教育年谱》，江西教育出版社 2008 年版。

（二）资本与营业额

除了以招股的形式增加资本额，商务印书馆还采取将盈余转为资本的方式扩大其资本规模。1914 年商务印书馆议定的公司章程第二十二条规定，"本公司股分利息长年八厘，每年结帐时如有利，作二十成分派，各股东得十成，提公积三成，公益费及酬恤费一成，花红六成"①，此时还没有明确规定公积金用途，但 1920 年的股东会议有决议"酌提余利及公积作为股份"②。1932 年减股之后，董事会在提交的股东会议案中有承诺"则股本减少后，不招新股于股东利益不致外溢"③，并在当年实行的公司章程中对利用盈余增股做了规定，"本公司每年结帐，如有盈余，先提十分之一为公积金，次提股息常年八厘，其余平均分为甲、乙两部。甲部分之半数作为发股东红利，其他半数作为甲种特别公积"，"甲种特别公积专为恢复原有股份之用，每积至五十万元时，即将股份陆续恢复，至五百万元后不再提存，一并作为股东红利"④。

随着资本的增加，商务印书馆的营业额也在逐年攀升。如图 6-1 所示，1903 年商务印书馆的营业额还只有 30 万元，到 1931 年便增至 1438 万元。庄俞解释称："本馆最初从事印刷，继而注重编译，后且兼营制造，种类愈多，范围日广。故营业数量，屡见增加。"⑤ 1932 年由于遭日军轰炸停业，营业额只有 550 万元，1935 年又增至 1036 万元。⑥营业额的增长为资本积累提供了条件。

---

① 《完全华商股分商务印书馆有限公司章程》，《申报》1914 年 3 月 6 日第 11 版。

② 商务印书馆：《本馆四十年大事记》，载商务印书馆编《商务印书馆九十五年》，商务印书馆 1992 年版。

③⑥ 王云五：《商务印书馆与新教育年谱》，江西教育出版社 2008 年版。

④ 汪耀华：《民国书业经营规章》，上海书店出版社 2006 年版。

⑤ 庄俞：《三十五年之商务印书馆》，转引自王云五《商务印书馆与新教育年谱》，江西教育出版社 2008 年版。

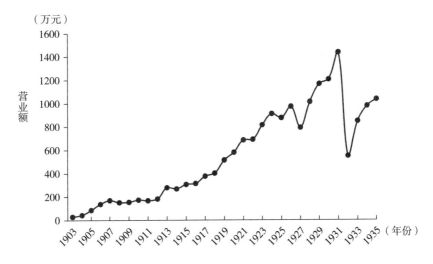

图 6-1 1903~1935 年商务印书馆营业额

资料来源：数据摘自王云五：《商务印书馆与新教育年谱》，江西教育出版社 2008 年版。1903 年之后商务印书馆基本每年都会公布营业额，逐年摘抄得此图。

二、商务印书馆的公司治理

商务印书馆的经营管理在当时处于很高的水平，在 1930 年之前便形成了较为完善的法人治理结构。1903 年改组成股份制公司之后，商务印书馆便设有董事和监察，董事由股东公举。后来出资者组成了股东大会，股东大会是最高决策机关。因为股东大会不常有，1909 年便由股东大会投票表决选出了董事局代行决策。董事局并不负责公司的日常运作，另聘经理处理业务和时常运作。同时，股东大会选举出监察人对公司业务和财务进行监督。①

1914 年 1 月 31 日，商务印书馆召开临时股东大会，议定了公司章程②，进一步将公司的法人治理具体化、制度化。

---

① 范军、何国梅：《商务印书馆企业制度研究》，华中师范大学出版社 2014 年版。
② 《完全华商股分商务印书馆有限公司章程》，《申报》1914 年 3 月 6 日第 11 版。

关于股东会，章程规定，"本公司每年召集股东年会一次，由董事会通信知照，并登载广告于上海著名日报"，"股东年会及临时会应将所议各事由书记记录列册，凡议决之事一经股东会议长签押后，董事会及总经理等必须遵行"。

关于董事与监察人的选举，章程规定，"董事至多不得逾十三人至少七人"，"选举监察人三人"，"凡有本公司股分十股以上者"都有被选为董事与监察人的资格，并"由董事选任总经理、经理各一人，其他职员由总经理、经理选任"，"公司寻常事件由总经理、经理酌核办理，遇有重大事件，由总经理、经理请董事会议取决办理"。"董事及监察人任期一年，连举者得连任，但监察人连任以三次为限"。

为防止利益冲突，章程规定，董事与监察人都"非经股东会议允许，不得营与本公司相同之贸易"，"总经理、经理非经董事会允许，不得营与本公司相同之贸易，惟著作出版，经董事会认为与本公司贸易无妨者，不在此限"。

为保障股东权益，章程规定，"总经理、经理等每年应将帐目详细结算，造具簿册，于次年由董事会布告于各股东"。同时，"本章程如需修改之时，得由董事会或有股份总数十分之一之股东提议，召集股东会决议施行"。

这一法人治理结构将公司的所有权与经营权分离开来，使公司经营更加规范，不至于公司某个重要职位的人发生变故（例如去世）就对公司发展造成很大影响。而这在个人企业与合伙企业是常发生的事，甚至在制度并不太完善的股份公司也有类似情况。公司章程还有一个值得注意的地方，商务印书馆"股分共计银元一百五十万元，分作一万五千股，每股银元一百元"，而获得董事与监察人选举资格的要求仅是十股，即为总股份的 0.067%（10/15000）。即便是在 1932 年重新修订的公司章程中，依然规定"凡有本公司股分十股以上者皆有被选举之资格"①。这表明公司的股权较分散，股东进入决策层的门槛较低，公司社会化的程度很高，如此安排的一个重要原因可能是商务印书馆没有股份占绝对优势的大股东，其并没有被个人或者家族势力控制。完善的公司治理会让经营者更关注长期利益。商务印书馆的股权一个很重要的特点便是股权很分散，并没有个人或家族控制大部分股份。没有"大股东"的干预，董事会与经理人也会更以公司利益为重，将公司的长远发展放在决策的重要位置。这也可能是商务印书馆延续至今的秘诀之一。

第四节
商务印书馆对新式印刷技术的推广

商务印书馆成立于 19 世纪末，此时中国的印刷出版者已取代传教士成为在中国传播与改良西式印刷技术的主力，商业利益也成了驱动印刷技术扩散的主要动力。为了提高印刷效率，也为了使印刷品更加美观，更受读者喜欢，出版者都更愿意采用更新更好的印刷技术。为了提高技术与设备的自主性，获取商业利益，有实力的印刷出版公司也注重印刷设备的改良并开始生产销售印刷设备。同时，为了印刷出版业务的长远发展，培养人才也是印刷出版公司所关心的。下面，笔者从这三个方面讨论商务印书馆在推广新式印刷技术方面所做的贡献以及取得的成就。

① 汪耀华：《民国书业经营规章》，上海书店出版社 2006 年版。

一、新式印刷技术的引进与使用

为了提高印刷效率与印刷效果，使出版产品更具竞争力，获取商业利益，商务印书馆大力使用与传播西式印刷技术。商务印书馆在报纸上刊登广告的时候也经常会强调自己采用的技术或者印刷设备，其在 1903 年为《十一朝东华录揽要》一书在《申报》做的广告中称："本馆现用四号新铸铅字排印，并加句读，纸张洁白，校印精良。"① 商务印书馆自身有印刷厂，也会利用新技术招揽顾客以承接印刷业务。1904 年，商务印书馆在广告中表示"本馆现从日本东京聘到精做五彩石印、照相铜版工师十余人，制出各件，极蒙大雅嘉许"，以吸引"欲印五彩地图、银钱票、月份牌及照相铜版者"②。1907 年，又称"本馆承办五彩石印等件，久蒙赐顾，诸君交口称美。现在迁移所厂，增购德国最新机器，不惜重资添聘名匠多人，精益求精"，以招揽"欲印彩色钞票、股票、仿单、招帖、地图、画片、月份牌者"。③

商务印书馆对新式印刷技术的考察与引入极为重视，并做了不少努力，也取得了不少成果。商务印书馆自"开办以来，加意研究，历经派人至东、西各国学习考察，同时不惜巨金，延选高等技师，一面界以专责，一面教授艺徒。三十年间，人才辈出，凡外国印刷之能事，本公司皆优为之"④。1907 年，派郁厚培去日本学习照相制版技术；1910 年，张元济（当时任商务印书馆编译所所长）去欧、美、日本等国考察教育和印刷；1913 年，鲍咸昌（当时任印刷所所长）赴英、法、德、奥等国考察印刷并

① 《十一朝东华录揽要》，《申报》1903 年 12 月 23 日第 10 版。
② 《欲印五彩地图银钱票月份牌及照相铜版者鉴》，《申报》1904 年 7 月 4 日第 4 版。
③ 《欲印彩色钞票股票仿单招帖地图画片月份牌者鉴》，《申报》1907 年 10 月 8 日第 23 版。
④ 商务印书馆：《商务印书馆志略》，载汪耀华编《商务印书馆史料选编（1897—1950）》，上海书店出版社 2017 年版。

访聘欧洲印刷技师和采购新式印刷设备；1920 年，经理王显华和印刷所所长郁厚培去英美考察印刷，并聘回技师四名；1922 年，聘请六名德国技师到商务印书馆印刷所考察、研究，以世界最新技术对商务印刷厂进行技术改造。①

技术与设备的引进离不开资本的支持。1897 年创馆之初，商务印书馆资金有限，技术也浅薄，只能"购印刷机数架"②。1903 年与日本金港堂合作之后，在资本与技术方面都得到迅速发展，"在印刷方面，颇得日技师之助力，举办彩色石印，雕刻铜版，以及照相铜版等种种西法印刷与三色照相版"③。至 1911 年，商务印书馆的印刷设备尤为可观，当年《申报》上登的广告对其先进的印刷技术做了展示：

（一）铅印，用铅字排版印刷；（二）单色石印，由照相上石印刷（凡中西图籍、各种杂志、表册簿据、传单招帖、碑版字帖等件用此最宜）；（三）五彩石印，各种彩画可照原样印刷与画无异；（四）三色版，以青黄红三色配合可至数十色，极为精美；（五）玻璃版，字画之深浅浓淡与原本无丝毫之别（凡五彩月份牌、五彩地图、各色套印文凭、股票、息单、商标、仿单、名人书画字帖、美术明信片等件用此最宜）；（六）雕刻铜版，用铜版刻成凹凸形，精致细密可杜伪造之弊；（七）雕刻钢版，此雕刻铜版尤为精细，尤难仿造（凡各种钞票、汇票、钱票、债券等件用此最宜）；（八）照相铜版，与照相无异可与铜版同时印刷；（九）照相锌版，与照相铜版略同（凡铜字排印，各件欲插入图画者，用此最宜）。④

商务印书馆 1913 年又购办了英国潘罗司大照相机，该照相机当时为世

---

① 张树栋等：《中华印刷通史》，财团法人印刷传播兴才文教基金会 2004 年版。
② 王云五：《商务印书馆与新教育年谱》，江西教育出版社 2008 年版。
③ 庄俞：《三十五年来之商务印书馆》，转引自王云五《商务印书馆与新教育年谱》，江西教育出版社 2008 年版。
④ 《上海商务印书馆代印印刷各件广告》，《申报》1911 年 6 月 14 日第 24 版。

界第二大照相机，专供印刷全张地图之用；1917 年自美国购入洋铁彩印机，在为洋铁彩印机做的广告中，商务印书馆也介绍了其他"近年输入最新式之用具，如世界第二号大照相镜，如铳版机，如自动铸字机，如自动胶版机"[1]；1918 年从日本引进马口铁印刷术，后又购买了铅印滚筒机及米利机；1921 年率先采用美国人汉林根传入的彩色照相石印术；1925 年购入英美烟公司印刷厂新从荷兰买来的彩色照相凹版设备，此后于 20 世纪 30 年代初印制彩色影写版印刷品。[2]

截至 1931 年，商务印书馆已有滚筒机、平版机、米利机、铅版机、自动装订机、自动切书机、大型照相机等机械设备，总数多达 1200 余台。[3]印刷品种则有铅印、单色和彩色石印、三色铜版、珂罗版、雕刻铜版、电镀（电铸）铜版、照相锌版、凹凸印、照相凹版等，并采用自动铸字机浇铸铅字和机刻字模法。

二、技术与设备的改良与革新

（一）技术革新成果概况

商务印书馆不但兼印刷、编译、发行于一体，还兼营制造。在引进西方先进技术设备的同时，其也自己制造石印机、铅印机和铸字机等多种印刷机械，还设了专门的制造厂，"欧战期间，外国机器不能输入，国内又无印刷机器之制造厂，本馆乃将原有之机器修理部扩充，改为机器制造

---

① 《商务印书馆新到后来未有之印刷机器以铁代纸》，《申报》1917 年 10 月 20 日第 1 版。
② 张树栋等：《中华印刷通史》，财团法人印刷传播兴才文教基金会 2004 年版。
③ 庄俞：《三十五年来之商务印书馆》，转引自王云五《商务印书馆与新教育年谱》，江西教育出版社 2008 年版。

部，专制印刷、装订、铸字、轧墨等机器"[1]。其所生产的铅字、铜模及各种机械等，"除自用外，并以廉价出售国人"[2]，为中国新式印刷技术的推广与普及做了很大贡献。

1906 年，商务印书馆便在《申报》上刊登了出售铅字铜模与印刷机器的广告。

本馆开设上海棋盘街中市，专售各种印书机器及头二三四五六七号全副活字，并精制铜模铅板，印书器件一应俱全。发兑各色洋纸，译行华英读本、字典、学校课本、各种实学经书，精印中西书报，各项文件。又延请日本东京名手，专制电气照相铜版，五彩石印，工料精美，久已中外驰名。如欲办机器铜模铅字及托印书报，批购书籍洋纸等，价目克已，以广招徕此布。[3]

这则广告说明，商务印书馆在建馆十年后的 1906 年，不仅能采用西方传入的铅印、石印和铜锌版等印刷术印刷出版书籍，而且还能生产字模与印刷机械供应市场。

随着业务发展，商务印书馆于 1922 年成立铁工部，1926 年又扩建成具有一定规模的华东机器制造厂，此后该厂生产品种日益增多，规模也逐渐扩大，是中国印刷设备及器材工业先驱之一，为中国印刷设备及器材工业体系的形成和发展做了很大的贡献。

1897~1930 年商务印书馆改良与研制印刷技术与设备的各项成果如表 6-3 所示。

---

①②　庄俞：《三十五年来之商务印书馆》，转引自王云五《商务印书馆与新教育年谱》，江西教育出版社 2008 年版。
③　《上海商务印书馆专售铜模印书机器洋纸广告》，《申报》1906 年 1 月 20 日第 5 版。

表 6-3　1897~1930 年商务印书馆制造印刷设备成果一览

类别	成果/成就
铅字	公司有多架新式铸字炉，最初来自美国，后经改造，既有铸中文字炉，也有铸西字炉，极为方便。每架铸字炉可铸字一万五千余枚，全年可铸字十六万五千磅。除自用外，廉价发售。各省开办印刷公司及报馆需用铅字的，函电定制，络绎不绝
铜模	公司设备齐全，自制中西、大小各种字体铜模，以及花边、花线等，笔画清晰，式样新奇，可以任便选用。中文又有宋体、楷体、隶书、仿古，以及黑体、长体、扁体、注音字母等
机械	初为自用便利起见，凡石印机、铅印机、铝版机、打样机、切纸机、订书机、铸字机等均自行制造。自用之余，分别出售。各省开办工厂，多向本公司采购。后另设华东机器制造厂，请专门技师主持
华文打字机	舒氏华文打字机由舒震东研究改良而成。有如下特点：每小时可打千余字；一次可复印七八张；字迹鲜明；机器坚固耐用；使用灵便，学习不难。广受大众欢迎
油墨	聘化学家多人驻厂监制，创制红蓝墨水及各色打印墨水，品质堪与舶来品并驾齐驱，并在国内销售

资料来源：铅字、铜模、机械、华文打字机项参见商务印书馆：《商务印书馆志略》，载汪耀华编《商务印书馆史料选编（1897—1950）》，上海书店出版社 2017 年版；油墨项参见《商务印书馆改良各色墨水》，《申报》1925 年 12 月 22 日第 16 版。

（二）华文打字机的推广

华文打字机的推广尤其值得关注。因为华文打字机除了在国内大受欢迎，还畅销海外，体现了商务印书馆在印刷领域的影响力，以及其为推动中国印刷技术发展所做的努力与贡献。

民国初年，华人周厚坤在英文打字机启发下成功地研制出中文打字机，后商务印书馆特聘其回国做进一步研制。1919 年，商务印书馆的舒震东又在周氏打字机基础上研究、改良出了"舒式华文打字机"（见图 6-2）。此后不断有人在舒式华文打字机基础上做改良性研究，使中文打字工艺在持续发展中逐渐成熟，应用日广。① 舒氏华文打字机还远销海外，1925年2月《申报》报道：

> 商务印书馆创制华文打字机已有多年，兹经几度改良，日臻完美。国内各公署机关以及商店、学校多已购用。去年该馆更派专员前赴南洋各地，以此机介绍于海外侨胞，兹悉该员业已返沪，此行之成绩极为满意，盖该地侨胞不但视此项华文打字机为新时代必备之工具，而对于祖国发明之品尤乐于购用。故此机在南洋方面销售极佳，如新加坡之张永福树胶公司、仰光之集发百货公司、巴达维亚之南洋烟草公司、井里汶之泉福栈进出口公司等数十家均已购备，而目下通函订购者，尤络绎不绝云。②

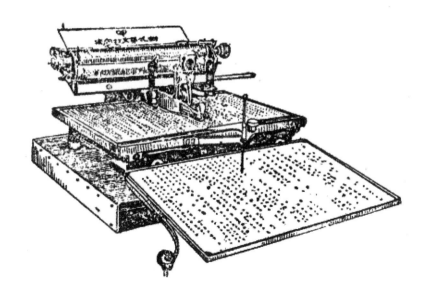

图 6-2 舒氏华文打字机

资料来源：张树栋等：《中华印刷通史》，财团法人印刷传播兴才文教基金会 2004 年版。

---

① 张树栋等：《中华印刷通史》，财团法人印刷传播兴才文教基金会 2004 年版。
② 《华文打字机畅销南洋》，《申报》1925 年 2 月 28 日第 19 版。

可知，华文打字机在海外华人圈里引起很大的反响，十分畅销，足见商务印书馆在改进与推广印刷技术方面的影响力与贡献。

三、印刷出版行业专业人才的培养

新式印刷技术需要专业人员的使用与管理，印刷行业的长期发展更需要人才的支持。因此，培养专业人才也是推广新式印刷技术的一部分。

商务印书馆为近代印刷出版行业培养了不少人才，多位印刷出版行业的重要人物都曾在商务印书馆任职或者学习。例如，中华书局创始人陆费逵曾是商务印书馆的编辑和数个部门的负责人，世界书局创始人沈知方曾做过商务印书馆的"跑街"，明精机器厂创办者章锦林曾在商务印书馆的机器修理车间工作。商务印书馆开设有补习班，培养的学员或学徒不但充实了本公司的人才后备队伍，也为整个印刷出版行业，甚至其他领域提供了人才，"除了中华书局外，世界、开明、广益等大小出版社都有商务补习生，其他如印刷厂、银行、商号、机关也有补习生的踪迹，甚至有在北京大学担任教授的（徐祖正）"①。

商务印书馆在人才培养方面的成功与其十分重视对职工的教育和培训息息相关。商务印书馆早期的核心人物张元济十分重视新人的引进与培养，其曾在日记中写道："余等以为本馆营业，非用新人、知识较优者断难与学界、政界接洽。"② 招生培训是商务印书馆引进人才的主要途径。1908 年开始举办商业补习学校（见表 6-4），其后又开设师范讲习社、艺徒学校等，以此选拔、培养优秀人才。后来，对新员工的培训渐成制度，新进员工均须经过训练，形成了成熟的培养体系（见表 6-5）。对于公司学徒，商务印书馆不收取任何费用，还会提供一定的酬劳。援引 1914 年

---

① 汪家熔：《商务印书馆史及其他——汪家熔出版史研究文集》，中国书籍出版社 1998 年版。
② 张元济：《张元济日记》上册，河北教育出版社 2001 年版。

《申报》广告，以商业补习学校第三期为例，可以一探学徒的入学资格以及待遇：

　　招收合格学生，授以营业上必需之智识技能。学额：四十名；年龄：十五岁至二十岁；程度：国文通畅、楷法端正、珠算习熟加减乘除，笔算习至命分小数，英文习过二年以上者；期限：补习三年，服务五年；免费：学膳宿等费一概不收；津贴：补习第一年下半年至第三年终，每月津贴两元至八元，期满服务，另定薪水。①

表6-4　商务印书馆商业补习学校情况

届次	举办时间	学生人数	经费
一	1908 年 7 月	三十人	开办费二千余元，经费每月五百元
二	1912 年 9 月	二十余人	经费三百元
三	1914 年 12 月	三十余人	经费一千余元
四	1917 年 11 月	三十九人	经费一千五百元
五	1919 年 3 月	四十四人	经费一千七百元
六	1921 年 1 月	四十五人	经费一千六百元
七	1923 年 10 月	五十五人	经费一千九百余元

　　资料来源：商务印书馆：《商务印书馆志略》，载汪耀华编《商务印书馆史料选编（1897—1950）》，上海书店出版社 2017 年版，第 86-90 页。

　　通过商务印书馆 1935 年编印的《商务印书馆人事管理概况》发现，此时商务印书馆已经形成了一套比较成熟的职工培训制度，以全面提升员工的素质与能力。其对正式职工与新招学徒均有相应的培训安排，并对不同学历程度的新进员工加以区别对待，"大学程度之练习生由公司聘任之管理主任及指导员负责训练。中小学程度之学生、学徒由公司制定之业师负责训练，并须补习教育"②。学生、学徒的教育与训练事项如表6-5所示。

①　《商务印书馆附设商业补习学校第三次招生广告》，《申报》1914 年 12 月 11 日第 1 版。
②　汪耀华：《民国书业经营规章》，上海书店出版社 2006 年版。

表 6-5　商务印书馆学生、学徒培训安排表

培训方式	讲师/培训单位	内容/目的	时间
指定业师	某职友或工友	训练或传授职业	3 年
补习教育	上海中华职业补习学校、高级商业补习学校、沪东职工补习学校、立信会计补习学校等	国文、英文、簿记、会计等科	按学制
开办华文打字机练习班	秘书处打字员	练习打字	3 个月
开办发行所学生训练班	馆内人员或馆外专家	培养学生办事能力、传习发行知识	6 个月
开办主计部学生讲习班	馆内人员	主计部全部办事程序	15 周

资料来源：汪耀华：《民国书业经营规章》，上海书店出版社 2006 年版，第 191-195 页。

　　在培养员工方面除了自己办班培训，商务印书馆还委派员工去其他机构学习。例如，老员工黄警顽回忆说："馆方随时给我进修的机会，例如派我到西洋体育传习所学习，连续四年到南京高师和东南大学选习教育系各科，上明诚学院选修图书版本、目录学，等等。"①

第五节

股份制公司推动新式印刷技术发展的机制分析

　　通过上文的分析可知，商务印书馆在推动中国印刷技术发展方面取得

---

　　① 黄警顽：《我在商务印书馆的四十年》，载商务印书馆编《商务印书馆九十年》，商务印书馆 1987 年版。

了不少成果，做了不可磨灭的贡献，这与其股份制公司的性质不无关系。那股份制公司又是通过何种途径来推动技术进步的呢？下面笔者仍旧以商务印书馆为例对股份制公司促进技术进步的机制进行分析。

一、公司筹集资金的能力

股份制公司以股份形式将社会上分散的各种资本集中起来，能广泛、迅速地筹集资本，同时集资成本相对较低①，从而股份制能较快地帮助企业做大做强。熊彼特认为，规模较大且拥有一定市场力量的企业更有能力负担研发费用，企业规模与创新之间存在关联。② 这一观点被后来的经济学家多次实证。③ 无论该观点正确与否，可以肯定的一点是，股份公司筹集的资金提高了其引入与研发新技术的能力。

作为初始投入较大的新式印刷出版行业，对资金的要求也较高。引进海外先进印刷设备及技术、设立分公司拓展市场渠道，以及培养专业人才都需要大量资金。若要研发、改良技术，需要的资金会更多。股份公司的筹资能力对此意义重大。商务印书馆初创时是一个合伙制的印刷厂，资金有限，设备简陋，"仅购办三号摇架二部，脚踏机三部，自来墨手背架三部"④。随着业务发展，营业额增加，设备有所改善，但仍然是小规模的扩展，印刷技术也有限，活字印刷仅会铅印版。1903 年与日本金港堂合股，并组建股份制公司后，雄厚的资本实力推动商务印书馆步入飞跃式发展阶段，开始源源不断地引进新设备与新技术，出版印刷事业步入新的台阶。

---

① 朱荫贵：《中国近代股份制企业研究》，上海财经大学出版社 2008 年版。

② ［美］熊彼特：《资本主义、社会主义与民主》，江苏人民出版社 2017 年版。

③ 例如，Zoltan 和 David（1987）的研究发现大企业具有创新优势。详见：Zoltan J. ACS and David B. Audretsch，"Innovation，Market Structure and Firm Size"，*Review of Economics and Statistics*，1987，69（4）：567-574.

④ 庄俞：《三十五年来之商务印书馆》，转引自王云五《商务印书馆与新教育年谱》，江西教育出版社 2008 年版。

如上文所述，截至 1931 年，商务印书馆拥有各式印刷机 1200 余台。随着资本越来越充足，商务印书馆加大了对印刷工艺研发以及印刷出版人才培养的力度，例如，1908 年开办的第一届商业补习学校，开办费两千余元，每月经费五百元。

二、公司的社会资源优势

股份制公司在募集资本的同时，也把投资的股东纳入公司的"社会网络"。商务印书馆由于经营好、利润高，股息收益相当可观，其股票在 1932 年前"隐匿资本和每年股息红利都高""转让时大致可以增价 30% 左右"①。因此，商务印书馆把入股当作交际政府、学界以及拉拢员工的手段。1905 年 2 月，商务印书馆决定再增资 10 万元，并特别指定其中 3 万多元供"京、外官场与学务有关，可以帮助本馆推广生意者，和本馆办事之人格外出力者"②认购。1905 年底，商务印书馆决定"增股不尽由老股，而供官场、职工认股，此后这在商务印书馆成为制度"③。当时，严复、蔡元培、胡适等社会名流都是商务印书馆的股东。

这种社会网络也推动了印刷技术的进步。以商务印书馆 1903 年与日本金港堂合资为例。金港堂成立于 1875 年，不久便成为日本最大的教科书出版机构，中日合资时其已积累了丰富的教材编辑经验，拥有当时先进的印刷技术。1902 年，金港堂陷入"教科书丑闻"，小谷重、加藤驹二等人受牵连入狱。出狱之后，金港堂的大股东原亮三郎把他们安置到了上海。在上海，印有模把他们介绍给了夏瑞芳，促成了商务印书馆与金港堂的

---

① 汪家熔：《商务印书馆史及其他——汪家熔出版史研究文集》，中国书籍出版社 1998 年版。
②③ 长洲：《商务印书馆的早期股东》，载商务印书馆编《商务印书馆九十五年》，商务印书馆 1992 年版。

合作。①

　　合资之前，商务印书馆的印刷技术很落后，只能铅印，铜锌版都不会，出版经验也有限。"自从与日人合股后，于印刷技术方面，确得到不少的帮助，关于照相落石，图版雕刻、铜版雕刻、黄杨木雕刻等五色彩印，日本都有技师派来传授。"② 这次中日合资不仅为商务印书馆筹得了充足的资金，还引进了日方的人才、设备、技术、编辑经验以及企业管理方法，这对商务印书馆的长期发展意义重大。此外，与金港堂的合作也使商务印书馆能以更快的速度获得日本图书，用于销售或者作为编译图书的参考，这在其1903年刊登于《申报》上的一则广告中得到印证：

　　中国士商欲求日本刊行图书，久称不便，本馆知东京金港堂图书公司在日本设立最久，所刊图书风行，声望素著，特与定约代理，凡金港堂发行书籍、图画，一经出版印行寄到，今将已经寄到各种，胪陈馆内，以备士商鉴览，外埠惠寄邮费，即将书目送呈，批发、面议、函购俱便，价目格外克已。③

三、公司拓展市场的能力

　　新式印刷技术与市场有互相促进的关系。一方面，印刷技术为印刷出版商提供了打开市场的利器，利用新式技术与设备生产的图书物美价廉更受消费者青睐，而且高效率的新式技术能源源不断地为市场提供印刷产品。另一方面，新式的印刷出版行业是一个对资本投入要求更高的产业，固定成本高、边际成本低是其显著特点，这样的行业需要足够大的市场来

---

　　① ［美］芮哲非：《谷腾堡在上海：中国印刷资本业的发展（1876—1937）》，商务印书馆2014年版。
　　② 高凤池：《本馆创业史》，载商务印书馆编《商务印书馆九十五年》，商务印书馆1992年版。
　　③ 《上海商务印书馆广告》，《申报》1903年12月20日第4版。

支撑。当公司发展到一定程度，对销售渠道进行投资、拓展市场也能体现公司的规模优势。①

由于资金充足、制度完善，同时又拥有更加宽广的社会网络，所以股份制公司在拓展市场方面会有更多的优势。商务印书馆在改组之前便已组建自己全国性的经销网络。据汪家熔记载："至迟在 1901 年初，除上海自行设所外，在杭州、湖州、武昌、烟台、扬州、安庆、九江、南京、重庆、宁波、镇江、苏州、天津、北京、广州、香港、新加坡、横滨等 18 个城市组织有代销处。"② 在 1902 年《申报》上的一条售书广告中，商务印书馆罗列了它的部分经售书庄：

> 欲定书者请至本馆总发行所，并托各省书庄经售，另有章程样本，望至总发行所及经售处取阅，书印无多，速定为要。经售处：上海各书庄、杭州史学斋德记书庄、浙西书林、南京明达书庄、中西书局、南昌广智书庄、嘉惠书庄、宁波文明学社、汲绠斋、苏州开智书室、知新书室、东来书庄、天津同文仁记、北京公慎书局、有正书局、保定官书局、汉口江左汉记、政新斋书庄、广东开新书局、湖北着易堂书局、常州晋升山房、无锡经纶堂、镇江文成堂、四川慎记书庄、湖南慎记书庄、汴省慎记书庄。③

可知，这种市场网络主要是委托当地书庄代售，而且主要集中在江浙地区，湖广、京津、四川等地有少量代销处。

为了进一步拓宽销售渠道，更大份额占据全国市场，商务印书馆于 1903 年开始在全国各地设立分馆和支馆，此后陆续设立分、支馆。汉口是其最早成立分馆的地方。如此大规模地设立分馆、支馆（见表 6-6）离不开股份制公司的资本与制度支持。

---

① ［美］小艾尔弗雷德·钱德勒：《规模与范围：工业资本主义的原动力》，华夏出版社 2006 年版。

② 汪家熔：《商务印书馆史及其他——汪家熔出版史研究文集》，中国书籍出版社 1998 年版。

③ 《开印国朝耆献类征初编定书广告》，《申报》1902 年 11 月 30 日第 4 版。

表6-6　1897~1934年商务印书馆总分支馆一览

类别	名称	地址	设立年月
总馆	总务处	上海宝山路	民国四年（1915年）十月
	编译所	上海宝山路	民国纪元前十年（1902年）
	印刷所	上海宝山路	民国纪元前十五年（1897年）一月
	研究所	上海宝山路	民国十九年（1920年）九月
	发行所	上海棋盘街	民国纪元前十年（1902年）
	虹口分店	上海北四川路	民国十四年（1925年）三月
	西门分店	上海民国路	民国十九年（1920年）八月
分馆	南京分馆	太平街	民国三年（1914年）二月
	杭州分馆	保佑坊	民国纪元前三年（1909年）二月
	安庆分馆	龙门口	民国纪元前六年（1906年）九月
	芜湖分馆	西门大街	民国纪元前三年（1909年）三月
	南昌分馆	德胜马路	民国纪元前三年（1909年）四月
	兰溪分馆	官井亭	民国三年（1914年）二月
	汉口分馆	中山路	民国纪元前九年（1903年）三月
	长沙分馆	南正街	民国纪元前五年（1907年）二月
	常德分馆	常青街	民国四年（1915年）九月
	福州分馆	南大街	民国纪元前六年（1906年）四月
	厦门分馆	中山路	民国十三年（1924年）八月
	北平分馆	琉璃厂	民国纪元前六年（1906年）一月
	天津分馆	大胡同	民国纪元前六年（1906年）一月
	保定分馆	天华牌楼	民国二年（1913年）一月
	济南分馆	西门大街	民国纪元前五年（1907年）四月
	开封分馆	财政厅街	民国纪元前六年（1906年）七月
	太原分馆	西肖墙	民国纪元前五年（1907年）七月
	西安分馆	南院门正街	民国纪元前二年（1910年）一月
	成都分馆	春熙路	民国纪元前五年（1907年）二月
	重庆分馆	白象街	民国纪元前六年（1906年）九月
	广州分馆	永汉北路	民国纪元前五年（1907年）一月
	潮州分馆	铺巷	民国纪元前六年（1906年）八月
	梧州分馆	竹安马路	民国四年（1915年）二月

续表

类别	名称	地址	设立年月
分馆	云南分馆	光华街	民国五年（1916年）一月
	沈阳分馆	鼓楼北	民国纪元前六年（1906年）四月
	香港分馆	皇后大道	民国三年（1914年）九月
	衡州分馆	八元坊	民国三年（1914年）六月
	贵阳分馆	中华路	民国三年（1914年）九月
	新加坡分馆	大马路	民国五年（1916年）三月
现批处	九江现批处	西门正街	民国二十二年（1933年）一月
	武昌现批处	察院坡	民国八年（1919年）二月
	运城现批处	路家巷	民国十四年（1925年）八月
	青岛现批处	天津路	民国二十三年（1934年）二月
支馆	吉林支馆	吉林粮米行	民国二年（1913年）八月
	黑龙江支馆	南大街	民国纪元前三年（1909年）六月
分厂	香港印刷局	坚尼地城吉直街	民国十三年（1924年）四月
	京华印书局	虎坊桥	民国纪元前七年（1905年）四月

资料来源：分馆资料来源于商务印书馆：《商务印书馆复业后概况》，载汪耀华编《商务印书馆史料选编（1897—1950）》，上海书店出版社2017年版；总馆、支馆、分厂资料来源于王云五：《商务印书馆与新教育年谱》，江西教育出版社2008年版。

商务印书馆还在各地设有现批处、"特约经销处"，把市场网络推广及全国各地。此外，其分布在政府、教育各领域的股东为其打开相应的市场提供了便利。各方努力开辟的广阔市场为支撑商务印书馆的新式印刷出版事业做了巨大贡献。

四、完善的公司治理的优越性

从以上分析可知，股份制公司能募集更多资金，从而引进新技术以及研发、改良新技术的能力也更强。但是，只有能力与意愿同时具备的时候才能真正为此投入，从而推动技术创新。引进新技术，以及加大研发投入进行创新虽然能为企业的长远发展提供动力，但短期收益不明显，成本和风险也很大，并不是所有企业都愿意投资新技术。相比个体企业与合伙制企业，股份公司一个很大的优点便是存续期长。公司作为法人，其存续与发展不会因为个别股东或者经理人发生变故而轻易受影响。当预期寿命更长的时候，企业会更加着眼于长远利益，积极引进与改良新技术。初始投入较大的技术收回成本的周期比较长，预期寿命更长的企业投资这种技术的意愿相对更强。

商务印书馆改组为股份公司后，在人才培养、市场铺设以及引进与改良新技术方面都做了不少努力，且投入不菲。这些投入短期来看回报低，而且有很大风险，但为其长期发展奠定了基石，提供了源源不断的后续动力。这除了得益于股份制公司提供的资金保障，还与商务印书馆完善的公司治理有很大关系。

商务印书馆在 1903 年便改组成股份公司，建有董事会，1914 年通过《商务印书馆股份有限公司章程》，法人治理结构与制度都相当成熟。1914 年 1 月 10 日，商务印书馆的创始人，当时任总经理的夏瑞芳被刺遇害，但商务印书馆的经营并未因此耽搁，董事会随即选举印有模为总经理，《申报》对此有记载：

> 本公司总经理夏瑞芳君，不幸于民国三年一月十日午后六时遇害，经董事会举定印锡璋君为总经理，其经理一职仍由高翰卿君担任，本公司一切事务帐目由印高二君主持。①

（注：印锡璋即印有模）

不幸的是，印有模接任才一年多便生病告假，1915 年 11 月在日本去世。这仍然未对商务印书馆的存续造成威胁。公司在《申报》上的公告称：

---

① 《商务印书馆广告》，《申报》1914 年 2 月 1 日第 1 版。

本公司总经理印锡璋先生自本年夏间得病告假，调治久未见效，旋赴日本就医，不意于本月十六日在神户病故，同人实深惋惜，所有本公司事务自印君告假后即由经理高翰卿先生兼办，现经董事会议决本公司总经理一席公推高君翰卿暂行兼代。①

短期内两位重要人物的去世都没有对商务印书馆的存续造成影响，这与其公司的法人治理结构健全，董事会与经理人各司其职、各负其责不无关系。这也可能是商务印书馆延续一百多年，现在仍然活跃在印刷出版业的重要原因。

第六节

小结

20世纪初，综合性印刷出版公司兴起，西式活字印刷成为中国印刷市场的主流，并且技术传播与进步的速度加快。本章基于此背景，以商务印书馆为例，从资本视角分析了公司制度以及完善的法人治理结构在公司发展及技术创新与推广中所起的作用。相关结论总结如下：

（1）由于公司制度完善，这时期综合性印刷出版公司在资本的"量"与"质"上都能得到保障。既让公司基业长青，也推动了新式印刷技术的推广与发展。

（2）在资本"量"的方面，股份公司作为筹资手段为综合性印刷出版

---

① 《商务印书馆有限公司股东公鉴》，《申报》1915年11月20日第1版。

公司提供了资金保障。中国发展股份公司最初的目的便是筹集资金，商务印书馆是中国第一家吸纳外资的民间印刷出版公司，其改组为股份公司一方面壮大了资本，使其有能力投资引入并创新印刷技术与设备，增强了拓展市场的能力；另一方面股东作为一种社会资源，为其印刷、管理、编辑出版都带来了不少有利的经验。

（3）在资本"质"的方面，完善的法人治理结构有利于公司的长期发展，也促进了技术的推广。公司制度的确立，以及公司治理的完善，使综合性印刷出版公司的存续期更长。由于公司的预期寿命更长，经营者会更加注重长期利益，从而投资新技术的意愿也更强。初始投入较高的技术，其收回成本的周期比较长，预期寿命更长的企业投资这种技术的意愿相对更强，这就促使这时期新式印刷技术的改良与发展比以往更加兴盛与迅速。

另外，我们也应意识到中国近代印刷技术的落后，此时中国制造印刷设备基本是引进设备后再仿造改良，缺乏独立研发设计能力。作为西方新式印刷技术的积极学习者与跟随者，商务印书馆与欧美日等国还有很大差距，甚至与一些在中国的外国公司相比仍然落后。1926年《申报》上的一则新闻能说明这一问题：

淞沪商埠局之商埠图样，前由浚浦总局总工程师代绘，因丁总办急需应用，商务印书馆最速须三月可竣，兹隋系英美烟公司代为承印，不日可竣。①

但我们也不能因此否定商务印书馆的成就，以及中国在印刷技术方面取得的成绩。商务印书馆在其成立后，大量引入新式的印刷技术及设备，仿照西方技术生产并销售了多种印刷设备，并且培养了大量印刷出版行业的人才，为推动中国印刷技术发展做了极大贡献。也是在这一时期，中国新式印刷出版行业蓬勃发展，为推动中国教育文化事业做了重大贡献。

---

① 《淞沪商埠图样由英美烟公司承印》，《申报》1926年6月4日第16版。

本书的若干结论与启示

第一节
结论

本书基于资本的视角，对明末清初至民国时期中国印刷技术的变迁做了探讨与研究，以上各章也对各项研究做了归纳总结，最后笔者再对本书得出的基本结论加以简单概括。

第一，对于初始资本投入较高的技术，市场需求在其扩散中起着很重要的作用。

相对于雕版印刷，活字印刷前期的资本投入较大，回收成本的周期也比较长，只有当市场需求足够大的时候才能够弥补活字印刷技术前期的初始投入，活字印刷技术才能得到推广。在中国传统的图书市场，由于儒家经典占据主流，成本较低的雕版印刷便能满足其重复印制的需求，活字印刷的市场需求很小，导致活字印刷技术难以普及。在1795年之后，族谱印制市场的巨大需求推动了活字印刷的发展，活字印刷成为族谱印制的主要方式。此外，晚清教育改革使中国图书市场发生巨变，教科书市场兴起，西式活字印刷迅速发展起来，成为了中国印刷业主要的方式。这从另外一个角度为木活字印刷为何未能在传统图书印制市场占据主流这个问题提供了答案，也再次验证了初始投入很大的技术在扩散与推广时市场需求起着重要作用的观点。

第二，作为一种新的资本组织形式，股份制公司在中国近代印刷技术转型发展的过程中起着关键性的作用。

新式印刷的技术与设备投入相对较大，且对技术的要求更高，传统作坊式的生产与经营难以适用于新式的印刷行业。在新式印刷技术推广的过程中，股份制公司发挥了很关键的作用。无论是在石印业进入工业化生产的阶段，还是在综合性印刷出版公司兴起的阶段，股份制公司作为一种资本的组织形式，都为印刷企业的发展与印刷技术的推广提供了资本的支持。在公司法人地位确立，公司治理机制完善的阶段，公司还为印刷技术的扩散与发展提供了制度保障，商务印书馆便是一个典型的案例，成熟的股份公司制度极大地促进了新式印刷技术的改良与推广。

第三，资本的"量"直接促成了对印刷技术的投入，为印刷技术发展提供资金保障。

资本的组织形式是资本"量"与"质"的提供者，资本的"量"表现为资金的多少。股份制公司制度筹集资金的能力，为印刷技术的投入与发展提供了足够的资本的"量"，直接推动了印刷技术的采用与推广。19世纪末股份制公司刚在中国诞生还不成熟的时候，筹集资金是股份公司的主要职能，其为方便当时的大型石印书局筹集资金，推动印刷行业工业化做了很大贡献。进入20世纪之后，股份制公司在筹集资金方面更加成熟，为综合性印刷出版公司引入先进设备与技术以及铺设全国性的销售渠道提供了充足的资本。此外，金融市场的发展也为印刷技术的发展提供了资本的"量"，传统活字印刷在族谱印制中的广泛应用与金融市场提供的资金支持也有一定关系。

第四，资本的"质"对印刷企业与印刷行业的长期发展都至关重要。

衡量资本"质"的主要指标是企业的治理结构。通过对教会印刷所的研究便能发现，一个合理健全的企业治理结构能够平衡好投资者与经理人的关系，使经理人充分行使其权力，并得到有效的监督与激励，从而既能维护好股东的利益，也能够促进企业的健康发展。通过研究股份制公司在不同发展阶段的实践，以及同文书局与商务印书馆两家公司的发展经历发现，资本的"质"对公司自身与印刷业长期发展都起着很重要的作用，完善的治理结构既有助于印刷出版公司的基业长青使其持续获利，也有利于整个印刷业技术与设备的更新与推广，推动印刷行业的发展与进步。

第五，对中国印刷技术变迁的研究也为现代其他技术的创新与扩散提供了很好的借鉴。

本书基于中国印刷史变迁的案例研究技术扩散，研究市场需求在印刷技术扩散中的作用，一方面验证了已有的经济学理论，即市场需求会推动初始资本投入较高的技术的扩散，另一方面也为当前其他相关技术的创新与扩散提供了借鉴。技术创新需要尊重市场，同时我们也要注重开拓与培育市场，为促进技术创新与扩散提供条件。

中国印刷技术变迁的案例也凸显了资本组织形式的重要性。钱德勒认为组织创新是技术进步的一部分，企业对生产、销售和管理方面的投资是总资本的组成部分。① 本书对印刷技术扩散的研究便验证了这一点，公司作为一种资本的组织形式，使综合性的印刷出版公司在规模与制度上都相比个人经营或者合伙经营的书坊更加优越，其在生产与销售渠道上的资本优势推动了先进印刷技术的扩散。要促进技术进步，我们应重视资本的组织形式创新，在制度层面为技术创新与扩散提供有力保障。

---

① ［美］小艾尔弗雷德·钱德勒：《规模与范围：工业资本主义的原动力》，华夏出版社2006年版。

第二节
启示

通过研究，除了得到以上几点主要结论，还得到了若干启示，现总结如下：

第一，重视外资的作用。西式印刷技术在中国传播与发展后，外资活跃于商业印刷的各个阶段，并发挥了非常重要的作用。《申报》的老板美查成立点石斋书局，最先将石印应用于商业印刷；日资的修文书馆最先使用纸型印版，极大提高了铅印的效率；商务印书馆由于日资的加入，在资本与技术方面都有了飞跃性的发展。这些例子都说明外资在技术的引入与发展过程中意义重大。日资方不仅给商务印书馆提供了资本，还提供了技术人员以及出版与管理的经验。在新技术引入与发展的过程中，资本已经不再是单纯的资本，还包含有技术的成分。

第二，重视商业利益的作用。信仰能带来技术创新，但推广需要世俗利益的激励。西式印刷技术便是由传教士引介，主要用途是印刷宗教读物，为传教服务。虽然传教士改良与发展了印刷技术，但是普及与推广是在商业力量参与进来之后。无独有偶，中国印刷术最早的用途也是在宗教领域，主要是用于印制佛经，在世俗社会的普及也是在利益的刺激下由商业力量推动的。[1]

---

[1]　辛德勇：《中国印刷史研究》，生活·读书·新知三联书店 2016 年版。

第三，重视制度的作用。公司治理虽然在本书作为资本的"质"来衡量，但其同时也是一种制度。在股份公司制度还不完善的时候，公司虽然能作为筹股的手段获取资金，但公司的存续与发展难以保障，只有当成熟的法人治理机制建立起来时，公司的力量才得以彰显。同文书局与商务印书馆不同的命运便说明了这一点。保险制度对工业化的作用是另外一个例证，如果没有火灾保险，像印刷这种容易发生火灾的行业很难进行工业化生产，其中的风险会让很多投资者望而却步。

　　第四，重视政府的作用。本书虽然没有专门对政府的作用展开直接讨论，但在中国印刷术发展的过程中，其影响无处不在。清代中期推广宗族制度、晚清进行教育改革以及政府颁布公司法规范公司制度都对中国印刷技术的变迁产生了很大影响。因此，在尊重市场的前提下，发挥政府的作用对技术创新意义重大。

参考文献 REFERENCE

近代报纸、期刊

《申报》

《北华捷报》

《格致汇编》

《艺文印刷月刊》

《四川月报》

《家庭知识》

《东方杂志》

中文论著

[1] 白玉岱：《甘肃出版史略》，甘肃教育出版社 2011 年版。

[2] ［美］包筠雅：《文化贸易：清代至民国时期四堡的书籍交易》，北京大学出版社 2015 年版。

[3] ［美］布莱尔：《所有权与控制：面向 21 世纪的公司治理探索》，中国社会科学出版社 1999 年版。

［4］曹南屏：《坊肆、名家与士子：晚清出版市场上的科举畅销书》，《史林》2013 年第 5 期。

［5］陈昌文：《都市化进程中的上海出版业》，上海人民出版社 2012 年版。

［6］陈谷嘉、邓洪波：《中国书院史资料》，杭州教育出版社 1998 年版。

［7］陈建华：《中国族谱地区存量与成因》，《安徽史学》2009 年第 1 期。

［8］陈丽菲：《上海近现代出版文化变迁个案研究》，上海辞书出版社 2016 年版。

［9］陈琳：《同文书局的历史兴衰与石印古籍出版》，《成都师范学院学报》2018 年 6 月总第 304 期。

［10］陈瑞：《明代徽州家谱的编修及其内容与体例的发展》，《安徽史学》2000 年第 4 期。

［11］陈小悦、徐晓东：《股权结构、企业绩效与投资者利益保护》，《经济研究》2001 年第 11 期。

［12］成都市地方志编纂委员会：《成都市志·图书出版志》，成都出版社 1998 年版。

［13］邓文锋：《晚清官书局述论稿》，中国书籍出版社 2011 年版。

［14］杜恂诚：《民族资本主义与旧中国政府（1840—1937）》，上海社会科学出版社 1991 年版。

［15］范军、何国梅：《商务印书馆企业制度研究（1897—1949）》，华中师范大学出版社 2014 年版。

［16］范慕韩：《中国近代印刷史初稿》，印刷工业出版社 1995 年版。

［17］［荷］范赞登：《通往工业革命的漫长道路：全球视野下的欧洲

经济，1000—1800 年》，浙江大学出版社 2016 年版。

［18］方晓阳、韩琦：《中国古代印刷工程技术史》，山西教育出版社 2013 年版。

［19］［法］费夫贺、马尔坦：《印刷书的诞生》，广西师范大学出版社 2006 年版。

［20］［美］费正清：《剑桥中国晚清史：1800—1911》下册，中国社会科学出版社 1993 年版。

［21］冯尔康等：《中国宗族史》，上海人民出版社 2009 年版。

［22］冯尔康：《清代宗族制的特点》，《社会科学战线》1990 年第 3 期。

［23］冯尔康：《18 世纪以来中国家族的现代转向》，上海人民出版社 2005 年版。

［24］冯卉：《〈遐迩贯珍〉的研究》，暨南大学硕士学位论文，2006 年。

［25］高雷、何少华、黄志忠：《公司治理与掏空》，《经济学（季刊）》 2006 年第 3 期。

［26］龚延明、高明扬：《清季科举八股文的衡文标准》，《中国社会科学》2005 年第 4 期。

［27］关晓红：《清季科举改章与停废科举》，《近代史研究》2013 年第 1 期。

［28］关晓红：《晚清议改科举新探》，《史学月刊》2007 年第 10 期。

［29］郭嵩焘：《郭嵩焘日记（第一卷）》，湖南人民出版社 1981 年版。

［30］韩琦、［意］米盖拉：《中国和欧洲：印刷术与书籍史》，商务印书馆 2008 年版。

［31］胡国祥：《近代传教士出版研究》，华中师范大学出版社 2013 年版。

[32] 胡远杰、景智宇：《中西文化交流的桥梁——美华书馆》，《档案与史学》2003 年第 3 期。

[33] ［日］井上进：《中国出版文化史》，华中师范大学出版社 2015 年版。

[34] 蓝法勤：《清末民国浙江地区木活字谱牒研究》，南京艺术学院硕士学位论文，2017 年。

[35] 李伯重：《八股之外：明清江南的教育及其对经济的影响》，《清史研究》2004 年第 1 期。

[36] 李诩：《戒庵老人漫笔》，中华书局 1982 年版。

[37] 李玉：《晚清公司制度建设研究》，人民出版社 2002 年版。

[38] 梁启超：《梁启超文集》，燕山出版社 1997 年版。

[39] 刘国钧：《中国的印刷》，上海人民出版社 1979 年版。

[40] 刘琳琳：《活字印刷术推广应用迟缓原因探析》，《贵州文史丛刊》2004 年第 1 期。

[41] 刘秋根、杨帆：《清代前期账局、放账铺研究——以五种账局、放账铺清单的解读为中心》，《安徽史学》2015 年第 1 期。

[42] 陆胤：《清末两湖书院的改章风波与学统之争》，《史林》2015 年第 1 期。

[43] 罗红霞：《公司治理、投资效率与财务绩效度量及其关系》，吉林大学博士学位论文，2014 年。

[44] 罗志田：《清代科举制改革的社会影响》，《中国社会科学》1998 年第 4 期。

[45] ［德］马克思：《资本论（第一卷）》，人民出版社 2004 年版。

[46] ［英］梅特卡夫：《演化经济学与创造性毁灭》，中国人民大学出版社 2007 年版。

［47］［英］米怜：《新教在华传教前十年回顾》，大象出版社 2008 年版。

［48］潘吉星：《中国造纸史》，上海人民出版社 2009 年版。

［49］潘建国：《晚清上海五彩石印考》，《上海师范大学学报（哲学社会科学版）》2001 年第 1 期。

［50］钱丙寰：《中华书局大事纪要（1912—1954）》，中华书局 2005 年版。

［51］钱存训：《中国古代书籍、纸墨及印刷术》，北京图书馆出版社 2002 年版。

［52］钱存训著、郑如斯编订：《中国纸和印刷文化史》，广西师范大学出版社 2004 年版。

［53］乔澄澈：《理雅各的〈中国经典〉及其宗教思想》，《学术界》2013 年第 12 期。

［54］［美］乔尔·莫基尔：《富裕的杠杆：技术革新与经济进步》，华夏出版社 2008 年版。

［55］［美］芮哲非：《谷腾堡在上海：中国印刷资本业的发展（1876—1937）》，商务印书馆 2014 年版。

［56］商务印书馆：《商务印书馆九十年》，商务印书馆 1987 年版。

［57］商务印书馆：《商务印书馆九十五年》，商务印书馆 1992 年版。

［58］商务印书馆：《商务印书馆一百年》，商务印书馆 1998 年版。

［59］沈俊平：《晚清同文书局的兴衰起落与经营方略》，《汉学研究》2015 年第 33 卷第 1 期。

［60］宋原放：《中国出版史料（古代部分）》（1~2 卷），湖北教育出版社、山东教育出版社 2004 年版。

［61］宋原放：《中国出版史料（近代部分）》（1~3 卷），湖北教育出版社、山东教育出版社 2004 年版。

［62］苏精：《中国，开门！马礼逊及相关人物研究》，基督教中国宗教文化研究社 2005 年版。

［63］苏新平：《版画技法（下）》，北京大学出版社 2008 年版。

［64］素尔纳等：《钦定学政全书》，清乾隆三十九年武英殿刻本。

［65］孙启军：《六种还是七种？——姜别利创制中文铅活字略论》，《中国出版史研究》2018 年第 1 期。

［66］孙文杰：《清代畅销书种种》，《编辑之友》2009 年第 4 期。

［67］孙文杰：《清代图书市场研究》，武汉大学博士学位论文，2010 年。

［68］谭树林：《马礼逊与中华文化论稿》，台北宇宙光出版社 2006 年版。

［69］谭树林：《英华书院之印刷出版与中西文化交流》，《江苏社会科学》2015 年第 1 期。

［70］田峰：《19 世纪西方传教士与中国印刷业转型》，《山东理工大学学报（社会科学版）》2017 年第 4 期。

［71］汪家熔：《从"纸型"谈开去——印刷诸题散谈》，《中国出版史研究》2015 年第 2 期。

［72］汪家熔：《商务印书馆史及其他——汪家熔出版史研究文集》，中国书籍出版社 1998 年版。

［73］汪耀华：《民国书业经营规章》，上海书店出版社 2006 年版。

［74］汪耀华：《商务印书馆史料选编（1897—1950）》，上海书店出版社 2017 年版。

［75］王尔敏：《上海格致书院志略》，香港中文大学出版社 1980 年版。

［76］王昉、曾雄佩、许晨：《制度、思想与社会组织：探索中国经济

史研究的新路径》，《中国经济史研究》2016 年第 6 期。

[77] 王建辉：《文化的商务：王云五专题研究》，商务印书馆 2000 年版。

[78] 王立新：《晚清在华传教士教育团体述评》，《近代史研究》1995 年第 3 期。

[79] 王韬：《代上广州府冯太守书》，载《弢园文录外编》，上海书店出版社 2002 年版。

[80] 王韬：《弢园文录外编》，上海书店出版社 2002 年版。

[81] 王韬：《瀛壖杂志》，上海古籍出版社 1989 年版。

[82] 王晓蓉、贾根良：《"新熊彼特"技术变迁理论评述》，《南开经济研究》2001 年第 1 期。

[83] 王永进：《档案里的〈书底挂号〉》，《档案与史学》2003 年第 1 期。

[84] 王云五：《商务印书馆与新教育年谱》，江西教育出版社 2008 年版。

[85] 隗静秋：《浙江出版史话》，浙江工商大学出版社 2013 年版。

[86] 吴晓梅：《清代书院政策研究》，华东师范大学硕士学位论文，2016 年。

[87] 夏冬元：《盛宣怀年谱长编》，上海交通大学 2004 年版。

[88] 夏卫东：《清代科举制度的若干问题研究》，浙江大学博士学位论文，2006 年。

[89] 向敏：《清代中前期图书市场探析》，《出版科学》2011 年第 6 期。

[90] ［美］小艾尔弗雷德·钱德勒：《规模与范围：工业资本主义的原动力》，华夏出版社 2006 年版。

[91] 肖东发：《中国编辑出版史》，辽宁教育出版社 1996 年版。

[92] 谢欣、程美宝：《画外有音：近代中国石印技术的本土化（1876—1945）》，《近代史研究》2018 年第 4 期。

[93] 辛德勇：《唐人模勒元白诗非雕版印刷说》，《历史研究》2007 年第 6 期。

[94] 辛德勇：《中国印刷史研究》，生活·读书·新知三联书店 2016 年版。

[95] ［美］熊彼特：《经济发展理论》，商务印书馆 1990 年版。

[96] ［美］熊彼特：《资本主义、社会主义与民主》，江苏人民出版社 2017 年版。

[97] 熊月之：《西学东渐与晚清社会》，上海人民出版社 1994 年版。

[98] 徐润：《徐愚斋自叙年谱》，江西人民出版社 2012 年版。

[99] 许静波：《石头记：上海近代石印书业研究 1843—1956》，苏州大学出版社 2014 年版。

[100] 许静波：《制版效率与近代上海印刷业铅石之争》，《社会科学》2010 年第 12 期。

[101] ［英］亚当·斯密：《国富论》，中国华侨出版社 2012 年版。

[102] 颜小华：《美北长老会在华南的活动研究（1837—1899）》，暨南大学博士学位论文，2006 年。

[103] 燕红忠：《中国的货币金融体系（1600—1949）》，中国人民大学出版社 2012 年版。

[104] 杨丽莹：《浅析石印术与传统文化出版事业的发展——以上海地区为例》，《中国出版史研究》2018 年第 1 期。

[105] 杨瑞龙、杨其静：《梯式的渐进制度变迁模型——再论地方政府在我国制度变迁中的作用》，《经济研究》2000 年第 3 期。

［106］杨勇：《近代中国公司治理：思想演变与制度变迁》，上海人民出版社 2007 年版。

［107］姚公鹤：《上海闲话》，上海古籍出版社 1989 年版。

［108］叶斌：《上海墨海书馆的运作及其衰落》，《学术月刊》1999 年第 11 期。

［109］叶德辉：《书林清话》，浙江人民美术出版社 2016 年版。

［110］叶再生：《中国近代现代出版通史》，华文出版社 2002 年版。

［111］俞筱尧、刘彦捷：《陆费逵与中华书局》，中华书局出版社 2002 年版。

［112］［英］约翰·齐曼：《技术创新进化论》，上海科技教育出版社 2002 年版。

［113］张奠宇：《西方版画史》，中国美术学院出版社 2000 年版。

［114］张静庐：《中国近代出版史料初编》，中华书局 1957 年版。

［115］张静庐：《中国近代出版史料二编》，中华书局 1957 年版。

［116］张静庐：《中国近现代出版史料》（1~8 卷），上海书店出版社 2003 年版。

［117］张瑞泉：《略论清代的乡村教化》，《史学集刊》1994 年第 3 期。

［118］张树栋、庞多益、郑如斯等：《中华印刷通史》，印刷工业出版社 1999 年版。

［119］张维迎：《产权安排与企业内部的权力斗争》，《经济研究》2000 年第 6 期。

［120］张维迎：《所有制、治理结构及委托—代理关系》，《经济研究》1996 年第 9 期。

［121］张秀民：《中国印刷史》，浙江古籍出版社 2006 年版。

［122］张雪峰：《试论晚清新式教科书的出版及其影响》，《图书与情报》2005 年第 2 期。

［123］张元济：《张元济日记》上册，河北教育出版社 2001 年版。

［124］张忠：《民国时期成都出版业研究》，巴蜀书社 2011 年版。

［125］张忠民：《艰难的变迁：近代中国公司制度研究》，上海社会科学院出版社 2002 年版。

［126］赵景文、于增彪：《股权制衡与公司经营业绩》，《会计研究》2005 年第 12 期。

［127］郑振满：《族谱研究》，社会科学文献出版社 2013 年版。

［128］中国第一历史档案馆：《光绪朝上谕档》第 24 册，广西师范大学出版社 1996 年版。

［129］中国史学会：《太平天国（一）》，神州国光社 1952 年版。

［130］中华书局：《中华书局百年大事记》，中华书局 2012 年版。

［131］周其仁：《市场里的企业：一个人力资本与非人力资本的特别合约》，《经济研究》1996 年第 6 期。

［132］［美］周启荣：《明清印刷书籍成本、价格及其商品价值的研究》，《浙江大学学报（人文社会科学版）》2010 年第 1 期。

［133］［美］周绍明：《书籍的社会史：中华帝国晚期的书籍与士人文化》，北京大学出版社 2009 年版。

［134］周振鹤：《晚清营业书目》，上海书店出版社 2005 年版。

［135］朱荫贵：《中国近代股份制企业研究》，上海财经大学出版社 2008 年版。

［136］朱有瓛：《中国近代学制史料（第一辑下册）》，华东师范大学出版社 1986 年版。

外文论著

[1] A. Shleifer and R Vishny，"A survey of corporate governance"，*Journal of Finance*，1997，52（2）：737-783.

[2] Biddle J. E.，"Making Consumers Comfortable：The Early Decades of Air Conditioning in the United States"，*Journal of Economic History*，2011，71（4）：1078-1094.

[3] Bottazzi L. and P. Giovanni，"Innovation，Demand，and Knowledge Spillovers：Evidence from European Patent Data"，*European Economic Review*，2003，47（4）：687-710.

[4] Coe David T. and Helpman E.，"International R&D Spillovers"，*European Economic Review*，1995，39（5）：859-887.

[5] Comin D. and B. Hobijn，"Lobbies and Technology Diffusion"，*Review of Economics and Statistics*，2009，91（2）：229 -244.

[6] Comin D. and B. Hobijn，"An Exploration of Technology Diffusion"，*American Economic Review*，2010，100（5）：2031-2059.

[7] Dittmar J. E.，"Information Technology and Economic Change：The Impact of the Printing Press"，*The Quarterly Journal of Economics*，2011，126（3）：1133-1172.

[8] Gragnolati U. M.，Moschella D.，Pugliese E.，"The Spinning Jenny and the Guillotine：Technology Diffusion at the Time of Revolutions"，*Cliometrica*，2014，8（1）：5-26.

[9] Griliches Z.，"Hybrid Corn：An Exploration in the Economics of Technological Change"，*Econometrica*，1957，25（4）：501-522.

[10] Keller W.，"The Geography and Channels of Diffusion at the World's

Technology Frontier", *NBER Working Paper*, 2001. 8150.

[11] Keller W. , "International Technology Diffusion", *Journal of Economic Literature*, 2004, 42 (3): 752-782.

[12] Rogers E. M. , *"Diffusion of Innovations"* (*4th ed.*), New York: The Free Press, 1995.

[13] *Romer P. M. , "Increasing Return and Long-Run Growth"*, Journal of Political Economy, 1986, 94 (5): 1002-1037.

[14] *Rosenberg N. , "Factors Affecting the Diffusion of Technology"*, Explorations in Economic History, 1972, 10 (1): 3-33.

[15] *Zoltan J. Acs and David B. Audretsch, "Innovation, Market Structure and Firm Size"*, Review of Economics and Statistics, 1987, 69 (4): 567-574.